Sua história de amor

FBTC
Federação Brasileira de Terapias Cognitivas

artmed

A Artmed é a editora oficial da FBTC

ASSOCIADO

P143h Paim, Kelly
Sua história de amor : um guia baseado na terapia do esquema para compreender seus relacionamentos e romper padrões negativos / Kelly Paim, Bruno Luiz Avelino Cardoso. – Porto Alegre : Artmed, 2022.
xii, 91 p. il. ; 23 cm.

ISBN 978-65-5882-054-3

1. Terapia cognitiva focada em esquemas. 2. Psicologia. I. Cardoso, Bruno Luiz Avelino. II. Título.

CDU 159.922

Catalogação na publicação: Karin Lorien Menoncin – CRB 10/2147

Kelly **Paim**
Bruno Luiz Avelino **Cardoso**

Sua história de amor

um guia baseado na terapia do esquema para compreender seus relacionamentos e romper padrões negativos

artmed

Porto Alegre
2022

Gerente editorial
Letícia Bispo de Lima

Colaboraram nesta edição:

Coordenadora editorial
Cláudia Bittencourt

Capa
Paola Manica/Brand&Book

Preparação de original
Heloísa Stefan

Leitura final
Samuel Kirst

Editoração
Ledur Serviços Editoriais Ltda.

Reservados todos os direitos de publicação ao
GRUPO A EDUCAÇÃO S.A.
(Artmed é um selo editorial do GRUPO A EDUCAÇÃO S.A.)
Rua Ernesto Alves, 150 – Bairro Floresta
90220-190 – Porto Alegre – RS
Fone: (51) 3027-7000

SAC 0800 703 3444 – www.grupoa.com.br

IMPRESSO NO BRASIL
PRINTED IN BRAZIL

Autores

Kelly Paim
Psicóloga. Professora e supervisora da prática clínica em diversos cursos de graduação e pós-graduação. Formação em Terapia do Esquema pela Wainer Psicologia Cognitiva NYC Institute for Schema Therapy. Certificação como Terapeuta do Esquema pela International Society for Schema Therapy (ISST) e membra da ISST. Especialista em Terapia Cognitivo-comportamental e em Psicoterapia de Casal e Família. Mestra em Psicologia Clínica pela Universidade do Vale do Rio dos Sinos (Unisinos). Fundadora e integrante da atual diretoria da Associação Brasileira de Terapia do Esquema (ABTE). Coautora do primeiro livro brasileiro sobre terapia do esquema (*Terapia cognitiva focada em esquemas: integração em psicoterapia*, Artmed, 2016) e do livro *Terapia do esquema para casais: base teórica e intervenção* (Artmed, 2019). Mais de 15 anos de prática clínica e experiência em atendimentos individual, de casais e de famílias.

Bruno Luiz Avelino Cardoso
Psicólogo. Supervisor da prática clínica em terapia cognitivo-comportamental e professor convidado de cursos de especialização em Terapias Cognitivo-comportamentais. Formação em Terapia do Esquema pela Wainer Psicologia Cognitiva NYC Institute for Schema Therapy. Certificação como Terapeuta Cognitivo pela Federação Brasileira de Terapias Cognitivas (FBTC) e delegado da FBTC no Maranhão. Treinamento em ensino e supervisão de terapia cognitivo-comportamental, terapia cognitivo-comportamental para casais e terapia cognitivo-comportamental afirmativa para pessoas LGBT pelo Beck Institute for Cognitive Behavior Therapy (Filadélfia, Estados Unidos). Especialista em Terapia Cognitivo-comportamental pelo Instituto WP (IWP/FACCAT) e especializando em Sexualidade Humana no Child

Behavior Institute of Miami. Mestre em Psicologia: Processos Clínicos e da Saúde pela Universidade Federal do Maranhão (UFMA), com estágio de pesquisa sobre violência e habilidades sociais na Universidade Federal de São Carlos (UFSCar). Doutor em Psicologia: Comportamento Social e Processos Cognitivos pela UFSCar, com período sanduíche na The Pennsylvania State University e apoio da Fundação de Amparo à Pesquisa do Estado de São Paulo (Fapesp). Sócio-fundador do Instituto de Teoria e Pesquisa em Psicoterapia Cognitivo-comportamental (ITPC). Membro do grupo de pesquisa Relações Interpessoais e Habilidades Sociais (RIHS, UFSCar) e do grupo de estudos em Prevenção e Promoção da Saúde no Ciclo de Vida (GeppsVida, Universidade de Brasília UnB). Autor, entre outros livros, de *Terapia do esquema para casais: base teórica e intervenção* (Artmed, 2019).

Apresentação

Amar e ser amada(o) são condições que ultrapassam a possibilidade de uma explicação completa pela ciência. Apesar disso, tenta-se incansavelmente investigar e compreender a dinâmica do amor, desde seu surgimento até seu rompimento. Para nós, seres humanos, sobreviver e reproduzir são somente uma parte do sentido da vida. Ao sermos os seres mais sociais dentre todos os animais sociais, estamos, desde o nascimento, buscando conexões afetivas e amorosas com aqueles que cruzam nossa história. Precisamos disso para nos sentirmos plenos e para nosso bem-estar. Os padrões mais remotos de ligação amorosa que se estabelecem com nossos genitores/cuidadores estabelecerão as bases quase indissolúveis de nossos estilos pessoais nesta busca pelo amor. Desejamos passar pela vida na companhia de uma testemunha próxima de nossa existência.

A natureza relacional e afetiva humana traz em seu bojo um desafio significativo: como ter história(s) afetiva(s) que, ao menos de forma satisfatória, permita(m) que cada um de nós consiga sentir-se nutrido em nossas necessidades emocionais básicas? A resposta é, em teoria, simples e consiste em encontrarmos aquela(s) pessoa(s) que preenche(m) nossas lacunas emocionais e que, ao mesmo tempo, consegue(m) também se sentir(em) completada(s) por nossas expressões de carinho e amor. Entretanto, ledo engano daquele que acredita que essa busca ocorre naturalmente e de forma consciente. De fato, a psicologia já bem demonstrou que nossa vida psíquica, com seus consequentes comportamentos, é, em sua maior parte, inconsciente. Assim, tendemos a agir de maneiras padronizadas e com uma "mecânica" oriunda de nossos primeiros relacionamentos afetivos com nossos pais e outros familiares. E aí é que, boa parte das vezes, o fracasso amoroso se esgueira. Ao preferirmos o que nos é familiar (independentemente do quanto possa ser aversivo e/ou prejudicial), acabamos por repetir e repetir padrões disfuncionais e até patológicos em nossos relacionamentos. É como se vivêssemos a maldição de Sísifo. Nós rolamos uma enorme pedra montanha acima, repetindo tal ato indefinidamente, já que ela sempre retorna à base da montanha. Nas relações, tendemos a repetir as mesmas escolhas de parceiros e cair nas mesmas armadilhas relacionais de forma monótona e persistente.

Após diversos livros sobre terapia cognitivo-comportamental e terapia do esquema com casais e famílias destinados a profissionais da área de saúde mental e de psicologia clínica, os autores conseguem com este livro uma ampliação de fronteiras. O texto é de enorme valor tanto para o psicoterapeuta (de qualquer orientação teórica) de indivíduos, casais e/ou famílias quanto para o público geral que almeja compreender processos envolvidos nos relacionamentos amorosos e/ou sexuais. E, neste ponto, o leitor encontra "pílulas de sabedoria" com pistas para um caminho mais saudável e profícuo na edificação de relacionamentos com trocas valiosas e com significado e, também, com alertas sobre armadilhas que, invariavelmente, se apresentam na vida amorosa de qualquer um. Como precauções a tais armadilhas, os autores geram provocações para que o leitor possa fazer autorreflexões sobre crenças, experiências e padrões de suas experiências amorosas, o que pode permitir a quebra de variados padrões disfuncionais precocemente desenvolvidos.

Sua história de amor é um passo além dos autores na busca de caminhos para o entendimento e o avanço prático do que faz (e o que se deve fazer para) relações afetivas serem um lugar de segurança, crescimento e felicidade para a parceria. Com histórias pessoais em pesquisa e com longas e significativas práticas clínicas na terapia do esquema com casais, famílias e indivíduos, Kelly e Bruno conseguem traduzir toda a profundidade e complexidade de anos de conhecimento científico de suas vivências profissionais. Usam, como pano de fundo, alguns relatos de histórias de relacionamentos afetivos, com as quais qualquer um de nós pode se identificar ao olhar para nossas próprias experiências afetivas, ou de pessoas próximas. Tudo isso com uma linguagem simples, objetiva e que desvela alguns dos segredos e mistérios de nossas escolhas, preferências, atitudes, reações emocionais e comportamentais ao buscar e/ou tentar manter nossas(os) amadas(os).

Ao final da jornada de aprendizado e de autorreflexão que esta leitura lhe possibilita, você acrescentará recursos poderosos para aprimorar sua vida afetiva e amorosa e, assim, evitar uma das maiores dores para qualquer ser humano: a solidão de não amar e não ser amado. Como diria Vinicius de Moraes: "A maior solidão é a do ser que não ama. A maior solidão é a dor do ser que se ausenta, que se defende, que se fecha, que se recusa a participar da vida humana".

Ricardo Wainer
Doutor em Psicologia.
Presidente da Associação Brasileira de Terapia do Esquema (ABTE).

Prefácio

Em algum momento, você deve ter ficado curioso para saber os motivos pelos quais se comporta de determinada maneira ou por que suas emoções surgem tão intensamente em certas situações. Também pode ter percebido o quanto algumas de suas dificuldades ficam ainda mais evidentes nos relacionamentos amorosos, e é provável que já teve a curiosidade de entender a razão pela qual o seu relacionamento se torna uma repetição de seus relacionamentos anteriores. Em alguns casos, parece até que você entrou em um relacionamento com a mesma pessoa – exceto pela mudança de algumas características físicas.

Para muitas pessoas, é novidade que os motivos pelos quais seus relacionamentos trazem sofrimento ou prejuízo estão em si mesmas, e não no(a) outro(a). Você já notou que suas escolhas amorosas o levam a se relacionar sempre com pessoas com o mesmo "jeito/estilo"? Ou que seus medos e inseguranças se repetem em muitas das suas relações? Tudo isso é influenciado pela sua história e pela forma como os seus esquemas mentais foram estruturados.

O seu molde interno de como amar começou a ser planejado antes mesmo de seu nascimento e foi sendo elaborado no decorrer da sua vida, de modo que você nem se deu conta. Com a leitura de *Sua história de amor*, você começará a ter mais consciência e a entender os aspectos cognitivos e emocionais que o levam a repetir padrões que podem trazer algum tipo de sofrimento aos seus relacionamentos. Com os exercícios recomendados ao longo do livro, convidamos você a percorrer a história da sua vida, descobrindo o quanto muitas cenas e muitos personagens foram fundamentais para a elaboração do seu modo de amar.

Os conceitos deste livro são baseados na terapia do esquema, uma abordagem psicológica que entende o quanto as experiências precoces da nossa história influenciam a formação de esquemas mentais que são usados para processar informações durante toda a nossa vida. Ao entender o seu "mundo interno", será possível ter mais condições de mudar os seus esquemas mentais e a vivenciar seus relacionamentos de forma mais satisfatória e saudável. A leitura o conduzirá em uma caminhada de autoconhecimento que, certamente, não terminará com o final do livro. Você também poderá levar essas reflexões para sua terapia pessoal ou conjugal, o que ajudará no seu processo de mudança.

Kelly Paim
Bruno Luiz Avelino Cardoso

Sumário

PARTE I

Histórias de amor

1

A história de Júlia

Ela esperava pelo retorno dele, assim como esperou que os pais voltassem para casa naquela tarde chuvosa em sua cidade. O medo de perder contato fazia com que ela mergulhasse profundamente em relações rasas.

Júlia conheceu Bernardo em um aplicativo de relacionamentos. Ela tinha muitas ressalvas em baixar esse tipo de recurso, pois acreditava que ninguém poderia se interessar por ela. Mas, por muita insistência de uma amiga, Júlia decidiu baixá-lo e se permitir conhecer alguém. Durante o tempo em que permaneceu no aplicativo, ela conheceu Bernardo, um rapaz bonito, inteligente e com muitas ambições profissionais.

No início, Júlia se questionou sobre o motivo pelo qual ele teria retribuído à combinação. Na sua opinião, Bernardo não poderia se interessar e manter algo com uma pessoa como ela. Mas, já que isso aconteceu, ela deixou que a comunicação acontecesse. Bernardo era muito atencioso e demonstrava ser muito compatível com Júlia. Parecia que os sonhos deles se complementavam em uma espécie de orquestra bem sintonizada. A jovem não acreditava que o seu maior desejo estivesse se tornando realidade.

Depois de um tempo conversando apenas virtualmente, o possível casal combinou um encontro. Foi mágico. A "química" aconteceu e ambos desfrutaram de um momento especial. Enquanto estavam juntos, eles conversaram sobre a vida, os planos e até falaram sobre possibilidades de futuro para o casal. Com toda a conexão que sentiram naquele dia, eles decidiram dormir juntos. A forte atração sexual entre os dois tornou todo aquele momento perfeito, intenso e muito marcante para Júlia. Ela não acreditava que alguém poderia olhar para ela da forma como Bernardo a olhou e correspondê-la com tanto carinho e gentileza.

No dia seguinte, Júlia logo mandou uma mensagem para Bernardo, desejando "Bom dia". A resposta de Bernardo, neste momento, foi mais pontual, apenas respondendo ao "bom dia" da jovem. Isso continuou a acontecer no decorrer da história deste casal. Apenas Júlia iniciava o diálogo. Mas os pequenos atos de gentileza de Bernardo eram suficientes para ela se apaixonar profundamente por ele.

Certo dia, Júlia enviou mensagem para Bernardo. Contudo, ele não a respondeu mais. Neste momento, ela sentiu uma angústia profunda. O medo de perdê-lo começava a (re)visitar as emoções de Júlia, que ficava cada vez mais ansiosa com o distanciamento que estava ocorrendo entre eles. Ela não queria perder a sensação de contato e segurança que desfrutou naquele momento com Bernardo. Então, para lidar com a sensação que estava vivenciando agora, Júlia mandou várias mensagens para ele. Não teve sucesso.

A história de relacionamentos desta nossa primeira personagem sempre foi muito instável. Ela costumava fixar a sua atenção em pessoas que não estavam disponíveis para ela e/ou que não poderiam supri-la emocionalmente. Júlia perdeu os pais em um acidente quando tinha apenas 3 anos de idade. A única memória que ela tem deste momento é de uma profunda dor pela perda do contato com seus cuidadores, como se tivesse sido a culpada pelo que ocorreu com os pais. Embora tenha sido criada pelos avós e tios, a sensação de ter perdido os cuidadores e não ter segurança nos vínculos sempre esteve presente.

Ao se relacionar com Bernardo, não foi diferente. Ele acionou em Júlia dores já conhecidas. Júlia aguardava o mínimo contato de Bernardo. Ela esperava pelo retorno dele, assim como esperou que os pais voltassem para casa naquela tarde chuvosa em sua cidade. Mas, infelizmente, nesta história não houve retornos.

2

A história de João

Racionalmente, ele sabia que precisava terminar a relação, mas, no fundo, sentia que a única forma de viver era conseguindo obter o amor do namorado; para ele, só isso importava.

Foi em uma festa da faculdade que João avistou Lauro, o melhor cantor de *karaoke* da noite. Tudo parecia muito atraente e mágico. Os olhares se cruzaram e, enquanto João aparentava sua timidez tradicional, Lauro usava toda a sua sedução para a conquista. Os dois se envolveram intensamente e, naquele instante, João se sentia muito bem por ter conseguido conquistar alguém tão cheio de talentos e com tanto *status*; isso lhe trazia uma sensação de valor pouco conhecida.

No início do relacionamento, Lauro investia muito na conquista, fazia coisas incríveis por João e falava tudo que ele queria ouvir. Mas o sonho não durou muito tempo e, como num piscar de olhos, o pesadelo iniciou. A postura sedutora de Lauro se transformou em uma postura grandiosa, crítica e rejeitadora. Agora, João precisava se esforçar muito para obter alguma valorização e afeto.

A sensação de desvalor tomou conta e a autoestima de João ficou cada vez mais abalada. Racionalmente, ele sabia que precisava terminar a relação, mas, no fundo, sentia que a única forma de viver era conseguindo obter o amor do namorado; para ele, só isso importava.

Em alguns momentos, João conseguia achar forças para seguir em frente e tocar sua vida sem Lauro, mas era durante esses momentos que o namorado se mostrava arrependido e prometia que iria mudar. O casal ficava em lua de mel por dois dias, até que a dinâmica voltava a ser como antes.

Os relacionamentos anteriores de João foram marcados por muitas brigas. Ele sempre se sentiu desvalorizado e humilhado por seus parceiros. No fundo, o nosso personagem não sentia que poderia ser valorizado por alguém e, quando as críticas e humilhações começavam, ele confirmava a sua ideia de que havia algo errado consigo mesmo. Suas escolhas sempre iam na direção de homens egoístas, egocêntricos, preocupados com a aparência, que buscavam *status* e com postura grandiosa. Às vezes, tentava iniciar algum relacionamento com alguém mais modesto e tímido, mas a falta de interesse emocional e sexual fazia com que ele desistisse.

João sempre se sentiu com menos valor do que os outros: isso acontecia em casa, no colégio e com os amigos. Na escola, João sofreu uma série de situações de *bullying* e nunca foi defendido pelos professores. Ele sonhava em ser popular e fantasiava romances com as meninas mais populares da escola, apenas para ser aceito pelos demais colegas e pelo pai.

Em casa, desde pequeno, o pai o rejeitava e o humilhava por acreditar que João era *gay*. O pai nunca elogiou o filho e sempre o comparava com o irmão; este cumpria todas as exigências do pai. A mãe de João era fria emocionalmente e não o defendia do pai. A família era marcada por uma série de expectativas sobre como os homens deveriam ser e se comportar. Qualquer comportamento que se "desviasse" do esperado era rejeitado e tido como uma vergonha pelos demais.

Além do ambiente familiar de rejeição, João fazia parte de um contexto sociocultural que estigmatizava a sua existência como homem *gay*. Ele aprendeu a se ver como errado, pecador e inadequado, como se fosse vergonhoso ser quem realmente é. Até hoje, embora tenha a sexualidade "assumida" para os amigos próximos, João nunca contou aos pais e/ou familiares sobre os seus relacionamentos. Para ele, o medo de ser rejeitado, mais do que já fora durante a sua história de vida, era devastador. Então, João preferia esconder a sua real identidade e negar os próprios sentimentos para não perder o contato com quem amava.

3

A história de Maria

Ela sempre precisou cuidar mais das outras pessoas do que de si mesma; aliás, ela nunca precisava pedir ajuda.

Maria, uma jovem de 24 anos, conheceu Vitória em um encontro de amigos. O que mais chamou a atenção de Maria foi uma certa melancolia no olhar de uma moça tão bonita. Mesmo considerando a possibilidade de ser rejeitada, já que Vitória se mostrava bastante fechada para iniciar uma conversa, Maria se aproximou e tentou começar um diálogo sobre qualquer banalidade do momento. Para sua surpresa, Vitória respondeu positivamente à sua investida e, mais do que isso, abriu um lindo sorriso, o que deixou Maria com uma ótima sensação.

À medida que foram se conhecendo melhor, ficou claro para Maria que Vitória estava passando por um episódio depressivo, mas ficar perto dela a estava ajudando a melhorar. Para Maria, essa sensação de estar fazendo bem para alguém era muito boa. A esperança da felicidade em uma relação amorosa invadiu o novo casal, que rapidamente se tornava cada vez mais próximo.

O tempo foi passando e Maria começou a ficar muito irritada na relação: o humor deprimido e o jeito mais dependente da namorada pareciam grandes entraves para a sua felicidade. Ela sentia como se o relacionamento fosse um peso que dificultava o seu dia a dia. Por exemplo, toda vez que o casal tinha um evento social, Maria precisava fazer um grande esforço para que Vitória se sentisse bem. Maria também se preocupava muito em ajudar a namorada a resolver os próprios problemas pessoais, e isso era bastante cansativo para ela.

Cada vez mais, uma certeza se fortalecia para Maria: "os relacionamentos amorosos dão muito trabalho, pois é preciso atender as necessidades da outra pessoa e renunciar às próprias necessidades". A única solução possível para a jovem parecia ser o término. Vitória também reclamava que Maria a controlava demais e, ao mesmo tempo, também ficava cada vez mais insegura sobre o quanto podia contar com a namorada, pois Maria se mostrava muito crítica para com ela.

Falemos um pouco do histórico de relacionamentos amorosos de Maria. A nossa personagem, antes do início do relacionamento com Vitória, teve outras relações bastante conturbadas. Ela sempre viveu relacionamentos com pessoas instáveis em termos emocionais e que geravam nela a preocupação sobre ajudá-las emocionalmente. Além disso, sempre precisou cuidar mais das outras pessoas do que de si mesma; aliás, ela nunca precisava pedir ajuda. Nas relações anteriores, ela tentava resolver os problemas das(os) namoradas(os) e, de forma muito ativa e resolutiva, muitas vezes conseguia. Embora em um primeiro momento a sensação de ajudar fosse muito boa, com o passar do tempo isso fazia com que ela se sentisse muito cansada, sobrecarregada e insatisfeita – como se estivesse "carregando o relacionamento nas costas".

Maria sabia que os seus relacionamentos não costumavam ser bons, mas, quando encontrava alguém muito estável emocionalmente, acabava por não se sentir tão atraída e logo tinha vontade de se afastar. "É tão morno e parece que falta alguma coisa", dizia Maria nessas situações.

A história amorosa de Maria começou antes do seu primeiro relacionamento. A relação com os seus cuidadores a ensinou o que e como era o amor. Viver relacionamentos instáveis foi a história da nossa personagem desde o início de sua vida. O pai dela tinha transtorno bipolar, o que sempre gerou muitas preocupações e problemas para a família. Desde criança, ela cuidou do pai e estava atenta para saber como ele estava se sentindo e, em poucos anos, já havia aprendido os sinais que mostravam se a depressão tinha chegado.

A nossa personagem sempre sofreu com os episódios de instabilidade do pai e via sua mãe fazendo todo o possível para contornar as dificuldades. Por tudo isso, a pequena Maria precisou se virar sozinha e nunca dava problemas para a mãe, pois elas já lidavam com situações adversas o suficiente. Um dos ensinamentos que Maria levou para a vida é que não é fácil amar. O amor envolve dedicar-se ao máximo ao outro e muitas vezes você não receberá de volta aquilo que entregou.

4

O que essas histórias têm em comum

Buscamos coerência por meio da repetição de padrões.
Contudo, muitos padrões podem nos levar para um local que perpetuará
o sofrimento em vez de nos libertar de cativeiros emocionais.

Nos capítulos anteriores, conhecemos um pouco de três histórias de amor. Os personagens descritos podem ter algo semelhante ao que você, leitor, está vivenciando, ou pode ser que a sua história seja bem diferente da deles. Porém, algo comum a todos nós é que, como seres humanos, estamos predispostos a buscar outros humanos para nossa sobrevivência, seja para amparo, seja para procriação (mais detalhes sobre o assunto podem ser encontrados nos Apêndices A e B deste livro).

Essa busca por contatos e conexões emocionais pode nos suprir em termos do que realmente precisamos ou nos afastar daquilo que necessitamos. Ao ler os próximos capítulos, você vai compreender muitos aspectos que influenciam os padrões de relacionamentos dos seres humanos. As diferentes histórias de amor têm elementos muito parecidos entre elas. O que, muitas vezes, parece coincidência, na verdade faz parte do padrão dos seres humanos de se relacionar ao longo da vida.

Nas histórias de nossos personagens, há pelo menos três grandes aspectos comuns. A seguir, vamos observar cada um deles.

O PADRÃO QUE SE REPETE: O PASSADO NO PRESENTE

Todos os personagens repetiram vivências muito parecidas nos seus relacionamentos ao longo de suas vidas. Júlia se sente atraída por parceiros indisponíveis afetivamente, João costuma sentir atração por perfis egoístas e críticos e Maria se direciona para parceiras(os) que apresentam instabilidade emocional e certa dependência. Nas suas ações e formas de lidar com as situações do dia a dia do casal, eles também fortalecem, sem se darem conta, uma dinâmica relacional já conhecida deles, contribuindo para a repetição de padrões emocionais. Sem consciência, os seres humanos podem agir de modo a manter uma espécie de ciclo destrutivo, em que são ativadas sensações emocionais, padrões de pensamentos específicos e comportamentos mais infantis, no sentido de busca de coerência pelos eventos já vivenciados na sua história do passado.

Muitas pessoas se questionam sobre os motivos para escolhas amorosas erradas e que geralmente acabam sendo repetidas ao longo da vida. Além disso, não é rara a experiência de iniciar um relacionamento que parece satisfatório, mas que, com o passar do tempo, se direciona para uma dinâmica relacional destrutiva, em que as mesmas insatisfações de outros relacionamentos do passado são sentidas. Jeffrey Young, criador da terapia do esquema, explica que a busca pela manutenção de padrões aprendidos nas relações com os cuidadores (e outras figuras de referência) no início da vida é um componente fundamental para uma repetição das mesmas frustrações, relação após relação.[1] É como se as pessoas estivessem vivendo o passado no presente.

Os três personagens das histórias que acompanhamos nos capítulos iniciais tiveram dores emocionais bem significativas durante o seu desenvolvimento. Ambientes de invalidação emocional, instabilidade, frieza e/ou sobrecarga estiveram presentes na estruturação de Júlia, João e Maria. A busca por contato e conexão, da forma como eles fazem nos relacionamentos atuais, é uma aprendizagem de padrões instalados desde muito cedo.

Assim como esses personagens, as pessoas, sem perceber, podem aprender que amor é ausência/instabilidade, o que as leva a se apegarem justamente a parceiros(as) ausentes e instáveis. Outras podem acreditar que amor é sacrifício, buscando exatamente modelos hiperdemandantes de relacionamento. Também podem acreditar que estratégias de controle são demonstrações de afeto e carinho, mantendo-se, assim, em relações abusivas e violentas. Em todos esses casos, a maneira como fomos criados e as experiências que tivemos desde muito cedo, na infância, podem ser determinantes na estruturação da forma como pensamos e sentimos. Júlia, João

1 Young (2019).

e Maria repetem a sensação e o padrão conhecidos por eles. Eles não precisam da sobrecarga emocional, frieza e ausência. Mas, por muito tempo, foi o que aprenderam a ter em suas vidas. Por sua vez, os parceiros dos nossos personagens também sentem dores emocionais. Eles também vivenciaram frustrações emocionais no passado que contribuíram para a aprendizagem das estratégias que utilizam hoje nos relacionamentos.

E quais são os motivos que nos levam a sentir atração por uma pessoa e não por outra? Você já pensou sobre isso? O famoso "dedo podre" tem uma explicação e você vai entendê-lo melhor no Capítulo 8. Percebemos que Júlia, João e Maria escolheram os parceiros com base em uma "química esquemática" (descrita no Capítulo 8) que aproxima as pessoas de relações que tendem a lembrá-las das experiências emocionais comuns no seu passado, repetindo o não atendimento de necessidades emocionais importantes para o desenvolvimento.

No decorrer da leitura deste livro, vamos aprender sobre as necessidades emocionais que todos nós temos e conseguir identificar exatamente o que estes personagens precisavam e o que você, leitor(a), precisa na sua experiência amorosa. Mas, por enquanto, reflita sobre as questões a seguir.

PARA REFLETIR:

- Você tem repetido algum padrão atualmente? Parece que as relações que você escolhe são sempre do mesmo jeito?
- Quais faltas você teve na sua história de vida que influenciam as suas escolhas amorosas?

FALTA DE AUTOCONSCIÊNCIA E AUTORRESPONSABILIDADE

Mais um aspecto comum entre as histórias que acompanhamos é que nenhum dos três personagens tem consciência dos padrões de escolhas amorosas e do quanto as suas vivências anteriores contribuíram para a escolha de relações que fazem atualmente. Além disso, os nossos personagens podem ter certa dificuldade em perceberem-se como autores das próprias histórias no presente. Júlia persevera na escolha de pessoas indisponíveis afetivamente e isso faz com que se sinta abandonada. João sempre escolhe pessoas com um padrão de funcionamento narcisista, o que faz com que seja desvalorizado e criticado, e com isso a sensação de menos-valia vem à tona. Maria sempre escolhe pessoas das quais ela precisa cuidar e logo se sente abusada. Isso acontece em um nível mais emocional do que racional, o que também pode ser compreendido a partir da "química esquemática" antes mencionada.

Em muitos casos, as pessoas podem atribuir ao outro a responsabilidade pelo sofrimento que estão vivenciando nos relacionamentos. É como se não houvesse nada para ser mudado em si mesmo(a) e que apenas o(a) outro(a) precisasse melhorar para a relação funcionar. Em outros casos, as pessoas podem se ver como vítimas de algum tipo de condenação do "universo", como se o destino (ou algum cupido) fosse o responsável por trazer pessoas incompatíveis e/ou difíceis para os seus caminhos. Em todos esses casos, dificilmente estas pessoas se responsabilizam por suas escolhas amorosas e pela manutenção dos padrões destrutivos nas relações.

Isso não significa que a pessoa é a principal responsável pelos conflitos na relação, mas que os problemas nos relacionamentos ocorrem de acordo com uma dinâmica em que há responsabilidade mútua entre os(as) envolvidos(as). Neste caso, Júlia, João e Maria precisam se responsabilizar pelas escolhas amorosas que fazem e pelos comportamentos que utilizam na relação. De igual modo, os(as) parceiros(as) dos nossos personagens também precisam fazer isso. Júlia criou muitas expectativas em relação a um possível parceiro que mal conhecia, atribuindo a ele uma importância de vínculo seguro que não era real. João agia de maneira a se subjugar e aceitar as atitudes arrogantes do parceiro, já que se sentia sem valor para ser amado. Maria passou a cuidar e controlar excessivamente a parceira como forma de salvá-la. Assim, a pouca consciência acerca da própria situação acabou contribuindo para o sofrimento dos personagens – pois, para eles, os relacionamentos são assim.

Um lembrete importante: quanto mais o indivíduo procura no outro a responsabilidade pelos problemas que estão ocorrendo na relação, mais a relação se afasta da conexão, empatia e efetiva resolução do problema. Para que o casal se conecte de fato, é necessário responder à questão formulada por Freud[2] em um de seus livros: "Qual a sua responsabilidade na desordem da qual você se queixa?".

PARA REFLETIR:

- Considerando a pergunta feita no parágrafo anterior, você consegue identificar qual é a sua responsabilidade nos problemas que estão sendo mantidos no seu relacionamento?
- O que você não deve repetir nas relações e/ou escolhas amorosas?

---

[2] Sigmund Freud (1905/1982).

DIFICULDADE EM IDENTIFICAR E/OU ENCERRAR RELAÇÕES QUE AFASTAM VOCÊ DO SUPRIMENTO DAS SUAS NECESSIDADES EMOCIONAIS BÁSICAS

Outro ponto de convergência entre os personagens que conhecemos nos capítulos anteriores é que eles apresentam dificuldade em perceber os sinais de não suprimento emocional que são dados pela outra pessoa. É muito comum a reprodução de falas como: "Ah, mas a pessoa vai mudar...", "Isso só acontece porque estamos no começo; quando tivermos mais tempo de relacionamento, as coisas vão melhorar", entre outras. Em certos casos, até é possível que as pessoas admirem e/ou romantizem algumas características da outra pessoa que são insuficientes para a manutenção de um relacionamento saudável. Por exemplo, uma pessoa extremamente ciumenta e controladora, em alguns casos, pode ser interpretada como cuidadosa; ou uma pessoa extremamente agressiva pode ser vista como de pulso firme e protetora.

Isso aconteceu nos casos que descrevemos antes. A demonstração convencional de gentileza de Bernardo era vista como atenção e afeto por Júlia. A grandiosidade de Lauro era interpretada por João como valor e talento. E, por fim, a dependência de Vitória por Maria era interpretada por ela, no início, como um aspecto positivo, já que, de alguma forma, ela estava fazendo bem para Vitória.

Nos três casos, notamos a dificuldade em distinguir entre características saudáveis na relação, as quais aproximam o indivíduo do suprimento emocional, e características que não são suficientes para tornar um relacionamento satisfatório. Nossos personagens precisam aprender a identificar estes "gatilhos" que podem afastá-los de uma relação amorosa libertadora.

Na Parte II, vamos começar a compreender a nossa história de modo mais profundo. Você conseguirá perceber alguns padrões de pensamentos (esquemas), emoções e comportamentos que tendem a ser mais comuns na sua história. A partir daí, podemos pensar em como superar esses desafios para escrever a sua própria história de forma livre, sem os controles emocionais "determinantes" do passado.

PARTE II

Sua história de amor: quando tudo começa

5

Era uma vez uma criança que precisava aprender a amar: *a aquisição dos esquemas*

O mundo externo e as experiências que vivemos no passado passam a existir dentro de nós, com cada vez mais requintes no processo de aquisição de informações. A partir de experiências repetidas, nosso cérebro constrói modelos mentais e utiliza a sua capacidade de generalizar o conhecimento armazenado para futuras experiências.

O ambiente em que crescemos e as nossas primeiras relações nos mostram quem somos, como é o mundo e como são os relacionamentos. Então, começamos a acomodar as informações – cognitiva (ou seja, pensamentos, regras e crenças) e emocionalmente – desde as experiências precoces com os nossos cuidadores.

Esta estruturação cognitiva e emocional tem início nos primeiros segundos de vida e se estende por todos os momentos posteriores. Nos primeiros meses, guardamos apenas as memórias sensoriais físicas e emocionais. Nessa fase da vida, não conseguimos armazenar imagens, nem qualquer informação que exija recursos cognitivos muito sofisticados (como atenção, linguagem ou inteligência), mas nos lembramos, por exemplo, até certo momento da vida, do cheiro da mãe, da sensação da barriga quando há fome, do prazer da alimentação, do terror das vozes altas e zangadas ou da sensação do contato com o corpo de quem nos dá colo (ou mesmo da sensação de abandono ou privação emocional).

Somente com o passar do tempo, com o amadurecimento cerebral e físico, comportamentos como engatinhar, andar, falar ou andar de bicicleta são apreendidos. Além disso, gradualmente as nossas experiências passam a ser codificadas e armazenadas com mais recursos cerebrais. O mundo externo e as experiências vividas passam, então, a existir dentro de nós, com cada vez mais requintes no processo de aquisição de informações.

A partir de experiências repetidas, nosso cérebro constrói modelos mentais e utiliza a sua capacidade de generalizar o conhecimento armazenado para futuras experiências. Esses modelos mentais que utilizamos para entender o mundo são chamados de esquemas mentais (ou apenas esquemas), e eles podem ser gerados de diversas formas. Por exemplo, se todos os dias antes de dormir a criança ganhar um beijo, uma palavra carinhosa com um tom suave e um cafuné, ela terá em sua mente um modelo de que a hora de dormir será marcada por afeição, conexão e segurança. Assim, vamos construindo diversos modelos mentais para interpretar e prever experiências da vida.

Dependendo da qualidade das relações do início da vida, a criança internaliza e compreende que pode receber ou não o apoio emocional de que necessita por parte do cuidador. Se a qualidade das interações for positiva, os modelos internos possibilitam que a criança acredite em si mesma, além de favorecer que ela se torne independente e explore o ambiente. Esses modelos servem como uma base para os relacionamentos futuros.

Alguns esquemas são formados a partir de um ambiente nocivo e de experiências estressoras. Se a criança do exemplo anterior fosse a mesma, porém tivesse experiências diferentes, certamente ela teria esquemas mentais diferentes. Então, agora imaginemos a mesma criança na seguinte experiência: ela vai dormir e muitas vezes fica escutando os gritos dos pais brigando na sala. Com medo e assustada, ela fica sozinha e atenta aos sons perigosos do ambiente. Com essas vivências recorrentes, ela estruturará em sua mente um esquema de que a hora de dormir é ameaçadora e perigosa.

Quando vivenciamos experiências recorrentes carregadas de altos níveis de estresse e privações na infância e adolescência, construímos esquemas disfuncionais. Esses tipos de esquema costumam ser carregados de muita memória emocional negativa e são bastante recorrentes durante toda a vida da pessoa. Aquele ditado popular que diz que "a dor ensina a gemer" pode representar a lógica dos motivos pelos quais as experiências dolorosas na fase inicial da vida nos fazem estar mais defensivos para outras experiências. A partir de nossas dores já vividas, "ganhamos" a estratégia de ser mais defensivos nas relações, como forma de evitar qualquer possibilidade de reviver a experiência infantil dolorosa.

Com isso, toda experiência que acione a memória da dor será vista e sentida ainda com o esquema infantil e poderá gerar erros interpretativos, sendo chamado de esquema disfuncional (ou esquema desadaptativo). A criança que fica exposta às brigas dos pais na hora de dormir, por exemplo, pode continuar sentindo na vida adulta a hora de dormir como ameaçadora e perigosa, nos moldes do esquema infantil, e se tornar um adulto com insônia ou outros problemas relacionados ao sono.

> *Você pode pensar em esquemas desadaptativos como modelos mentais de vulnerabilidade, carregados de sensações emocionais e físicas negativas, aprendidos na infância e adolescência. Esses moldes mentais interpretativos são compostos também por um conjunto de crenças e regras que são utilizadas para entender as situações do dia a dia.*

É importante deixar claro que dificilmente temos a consciência de que nossos esquemas mentais podem ser disfuncionais. A nossa realidade é a que existe dentro de nós e, muitas vezes, ela permanece sendo a mais primitiva. Mesmo que a realidade mude, os esquemas continuam sendo os mesmos – e é neles que vamos acreditar. No caso do exemplo anterior, os pais não brigam mais e, como adulto, essa pessoa não corre mais perigo na hora de dormir, mas os esquemas infantis continuam presentes, levando-a a interpretar, mesmo que inconscientemente, a hora de dormir como ameaçadora.

Vamos começar a pensar agora sobre como a sua realidade atual pode estar sendo influenciada por estes aspectos cognitivos (esquemáticos). No Quadro 5.1, descrevemos 18 esquemas comuns originados na experiência humana. Leia com atenção e veja se algum deles está de acordo com aquilo em que você acredita atualmente.

QUADRO 5.1 Os esquemas e suas definições[1]

Esquema	O que é?
Abandono	Crenças de que perderá a(s) pessoa(s) que você ama, que será abandonado(a) e que será terrível ficar só.
Desconfiança e abuso	Crenças de que as pessoas lhe farão algum mal ou lhe causarão algum dano de forma intencional.
Privação emocional	Crenças de que não terá apoio emocional adequado das pessoas. Sensação de desamparo e de falta de compreensão.
Defectividade/ vergonha	Crenças profundas sobre ser falho(a), defeituoso(a), indesejado(a), inferior e indigno(a) de ser amado(a).
Isolamento social	Crenças e sensações de que não "faz parte" ou não pertence.
Dependência/ incompetência	Crenças de que é dependente e incapaz de tomar decisões ou resolver problemas sozinho(a).

(Continua)

1 Elaborado com base em Paim et al. (2020) e Young et al. (2008).

(Continuação)

Esquema	O que é?
Vulnerabilidade ao dano	Crenças, permeadas pelo medo, de que algo muito ruim pode acontecer com você ou com as pessoas.
Emaranhamento	Sensação de não conseguir se desvincular (não conseguir ver-se de forma individualizada) da outra pessoa.
Fracasso	Crenças de que é burro(a), sem talento, que fracassará e que o seu desempenho é inferior ao dos outros.
Arrogo/ grandiosidade	Crenças de que é melhor que os demais e que merece cuidados especiais.
Autocontrole/ autodisciplina insuficientes	Baixa tolerância à frustração, ênfase no alívio imediato do desconforto e dificuldades ou recusa em autocontrolar-se.
Subjugação	Preocupação excessiva em agradar e tentar fazer tudo pelos outros, para não ser abandonado(a), perder o contato ou sofrer alguma consequência ruim.
Autossacrifício	Foco excessivo em satisfazer as necessidades dos outros, mesmo que isso custe renunciar à própria satisfação.
Busca de aprovação e reconhecimento	Crença de que só terá valor se a outra pessoa concordar, reconhecer ou aprovar o que se está fazendo.
Negativismo e pessimismo	Foco excessivo nos aspectos negativos da vida (ressentimentos, erros potenciais, dificuldades, etc.) e visão mais pessimista das situações.
Inibição emocional	Bloqueio intenso das próprias emoções, comportamentos e comunicação com os demais.
Padrões inflexíveis	Crenças, em formato de regras, de que tudo deve ser feito de forma perfeita, sem quaisquer erros ou falhas. Expectativas profundas sobre "ser o(a) melhor no que faz".
Postura punitiva	Crenças de que as pessoas devem ser punidas severamente pelos erros que cometem.

Os esquemas são desenvolvidos quando necessidades emocionais básicas não são supridas, ou elas são supridas em excesso, durante o nosso desenvolvimento (p. ex., vínculos seguros; liberdade de expressão e validação emocional; sentido de identidade, autonomia e senso de competência; espontaneidade e lazer; limites realistas; autocoerência; e justiça).[2] Por serem diretamente ligados a momentos de alta

2 Arntz et al. (2021) e Young et al. (2008).

valência emocional, as pessoas acreditam fortemente nesses esquemas, pois é o que faz sentido para elas a partir das experiências de vida que já tiveram.

Vamos lembrar de Júlia, nossa primeira personagem no Capítulo 1. Ela conheceu Bernardo em um aplicativo de internet e os dois estavam investindo na comunicação para ver se havia a possibilidade de algum relacionamento entre eles. Júlia tem o esquema de abandono. Para ela, é muito desconfortável pensar que, de alguma forma, possa ser abandonada por alguém, principalmente quando está desenvolvendo algum tipo de sentimento pela pessoa. Vivenciar situações potenciais de abandono faz com que Júlia experiencie as mesmas sensações de angústia que ela experimentou quando, com apenas 3 anos de idade, perdeu os pais.

Uma das situações que ativaram o esquema de abandono de Júlia foi quando Bernardo visualizou a mensagem dela e não a respondeu. Naquele momento, Júlia acreditou que ele não gostava mais dela e que iria abandoná-la. Ela ficou profundamente triste e, no seu entendimento, não havia nenhum tipo de pensamento que se encaixasse melhor ao momento do que: "Ele não gosta mais de mim. Eu vou ser abandonada, não sou suficiente para manter alguém comigo. Eu não suportarei o abandono". Por mais que possa haver, nesta situação, uma série de variáveis envolvidas para que Bernardo não tenha respondido à sua mensagem (como mostra a Figura 5.1), nenhum dos pensamentos alternativos se encaixa "tão bem" quanto o pensamento e as emoções compatíveis ao esquema e sensações de abandono.

Quando isso acontece, uma das estratégias que Júlia adota é tentar enviar mais mensagens, para obter algum tipo de resposta de Bernardo. Ao enviar as mensagens, ela tenta chamar a atenção dele, de alguma forma, para que o seu pensamento e a sensação de abandono não sejam confirmados. Quando Júlia recebe a resposta de Bernardo, ela se sente mais segura e distante da sensação vulnerável de abandono.

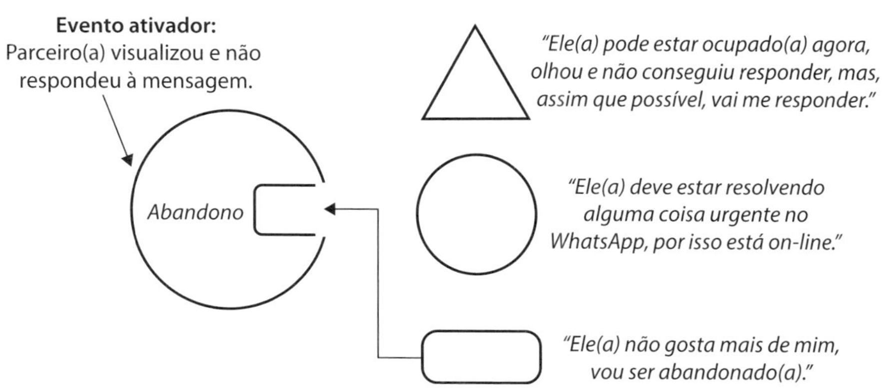

FIGURA 5.1 Como os nossos pensamentos se encaixam e fazem sentido.[3]

3 Elaborada com base em Beck (2005).

Por serem emocionalmente mais intensos, os esquemas tendem a contribuir para que estratégias mais primitivas sejam adotadas, com a finalidade de equilíbrio e sobrevivência. Alguns estilos de comportamentos são bem comuns ante cada um desses esquemas. No caso de Júlia, ela adotou uma postura de luta contra a sensação do esquema (estratégia chamada de hipercompensação) que, a longo prazo, tende a gerar mais desconforto na relação dela com Bernardo.

Vamos falar mais sobre esta e outras estratégias comportamentais no próximo capítulo. Você vai perceber algumas tendências de comportamento que ocorrem para lidar com os esquemas que desenvolvemos. Mas, antes de seguirmos adiante, vamos fazer um exercício de autorreflexão?

PARA REFLETIR:

Pense nas questões a seguir e em como você é influenciado(a) por aspectos cognitivos e emocionais:

- Quais dos esquemas que você viu neste capítulo lhe influenciam mais hoje em dia?
- Quando este esquema aparece, como você se sente? O que passa pela sua cabeça?
- O que você costuma fazer quando está pensando de acordo com este(s) esquema(s)?
- Quais as consequências do seu comportamento na sua relação com o(a) seu(sua) parceiro(a)?

6

As ações que direcionam o roteiro da sua história: *as estratégias de enfrentamento*

Muitas estratégias comportamentais são enraizadas e automáticas; então, mesmo que elas estejam atrapalhando suas relações hoje, você poderá ter dificuldade de mudá-las justamente pelas funções adaptativas que já tiveram em algum momento na sua vida.

Em meio a todos os aspectos vistos anteriormente, você pode pensar: "O que eu faço ante tudo isso?". Neste capítulo, vamos conversar sobre as estratégias e os comportamentos que utilizamos sob influência dos esquemas que desenvolvemos em nossa vida.

Quando o nosso sistema amigdaliano é acionado por uma ameaça (ver mais detalhes no Apêndice A), tendemos a reagir rápida e inconscientemente. Considerando as respostas de sobrevivência e preservação da espécie, Jeffrey Young,[1] criador da terapia do esquema, elaborou o conceito de estilos de enfrentamento, que são as formas como nos comportamos ante as situações. Existem três estilos de enfrentamento que estão relacionados diretamente com as respostas de sobrevivência da nossa espécie: evitação (fuga), hipercompensação (luta) e resignação (congelamento).

Cada pessoa tem um estilo de enfrentamento preferencial, mesmo que não seja uma escolha consciente. Diante desse estilo de enfrentamento, você terá muitas estratégias comportamentais para enfrentar as situações ameaçadoras no seu dia a dia. Por exemplo, se você tem um estilo *evitativo* (fuga), pode lidar com um conflito entre você e o(a) seu(sua) parceiro(a) indo dormir, bebendo ou assistindo à televisão para se desligar das emoções desconfortáveis. Caso você tenha um estilo *hi-*

---

1 Young et al. (2008).

percompensatório (luta), pode, ao se deparar com o conflito, xingar ou discutir com o(a) seu(sua) parceiro(a) até ganhar a briga ou dominar a situação. Agora, se você tem um estilo de enfrentamento de *resignação* (congelamento) ante o conflito, certamente vai desistir de se posicionar, ficará calado(a) e concordará com o(a) seu(sua) parceiro(a), mesmo que não esteja de acordo com ele(a).

Sendo assim, na forma como o indivíduo se relaciona, pode haver uma tendência hipercompensatória, lutando por controle: "Eu estou no topo!". No outro extremo, há a resignação, como uma tentativa de aceitar as frustrações para preservar o vínculo: "Eu me rendo!". E entre esses polos está a evitação, como variações de comportamentos de afastamento e desconexão: "Eu me retiro!".

Desde muito cedo em sua vida, você desenvolveu o seu estilo e suas estratégias de enfrentamento como uma maneira de lidar com as emoções intensas e desconfortáveis dos seus esquemas mentais e situações difíceis vivenciadas na sua história e na sua família de origem. Dessa forma, no passado, suas estratégias foram úteis, mas, no presente, dependendo do tanto que você as utiliza, elas podem estar lhe atrapalhando na sua vida e, principalmente, no seu relacionamento amoroso.

As estratégias comportamentais são enraizadas e automáticas; então, mesmo que elas estejam trazendo algum tipo de desconforto nas suas relações, você poderá ter dificuldade de mudá-las justamente pelas funções adaptativas que já tiveram em algum momento na sua vida. Será necessário bastante automonitoramento para refletir sobre as estratégias que você utiliza nas relações.

> *Automonitoramento significa, basicamente, pensar sobre o próprio comportamento e regulá-lo enquanto interage com as demais pessoas. Por exemplo, ao utilizar o automonitoramento ao falar com uma pessoa, você pensa sobre o que está sentindo, pensando e em como está se comportando para alterar ou manter a forma de comportamento que está apresentando. Em relação ao automonitoramento sobre os estilos comportamentais, você pensa sobre como está agindo sob efeito de determinado esquema e adota uma postura mais adequada para a situação que não mantenha a confirmação daquele esquema.*

A *evitação* é um estilo de enfrentamento que teria como intenção principal a proteção do provável sofrimento causado pelas relações. O indivíduo, por medo de rejeição, desamparo, abandono, abuso, entre outros, fecha-se emocionalmente e foge das relações. Entretanto, mesmo que a intenção seja defender-se de marcas dolorosas da história e memórias de experiências traumáticas de outras relações, o indivíduo revive as dores pelo padrão solitário estabelecido.

Outra estratégia nociva é a *hipercompensação*. Nesse caso, a pessoa tem respostas comportamentais no sentido de impedir que os seus medos se confirmem. Então, o controle, o sufocamento, exigências exageradas sobre a outra pessoa e até mesmo abusos são utilizados, tudo para que as frustrações de vivências de insatisfação um dia já sentidas na sua história de vida não se repitam. Com esse tipo de postura, as outras pessoas não conseguem entender, validar e suprir adequadamente suas reais necessidades emocionais. Em muitos casos, essa estratégia afasta as pessoas do convívio e mantém a solidão.

Por último, a *resignação* a padrões nocivos ou insatisfatórios de relacionamentos pode ser uma estratégia para não sofrer ainda mais, acalmando medos profundos de possíveis retaliações, desamparo e abandono. A busca assertiva por direitos e necessidades reais é temida, pois isso poderia gerar incômodo no outro. Contudo, atitudes complacentes e passivas alimentam a subjugação, a insatisfação e a sensação de estar sozinho(a) mesmo acompanhado(a) ou de que não pode ser você mesmo(a) e expressar-se naquela relação.

A escolha sobre qual estilo de enfrentamento iremos adotar não é consciente – ela é feita desde que nascemos conforme o nosso temperamento inato. Outros componentes desta escolha também ocorrem por: 1) observação, quando aprendemos por meio daquilo que vemos nas maneiras de se comportar das outras pessoas; 2) regras, que são as instruções e diretrizes que recebemos sobre o que fazer e/ou sobre o que é certo ou errado; e 3) consequências, como quando fazemos algo e isso é incentivado ou não pelo ambiente em que estamos.

Por exemplo, se você tem um temperamento mais passivo e, desde que nasceu, sempre teve uma tendência a aceitar mais as frustrações e a apaziguar conflitos não se posicionando, pode vir a desenvolver um estilo mais resignado. Considerando ainda o mesmo exemplo de um temperamento passivo, se você cresceu com pais muito dominadores e reativos (hipercompensatórios), então também pode vir a repetir esse modelo de enfrentamento nas suas relações. Agora, se um dos seus modelos era mais passivo, provavelmente você se identificou mais com esse modelo e levou esse estilo de enfrentamento para a sua vida. O Quadro 6.1 mostra algumas reações que as pessoas podem ter nos relacionamentos a partir dos esquemas que desenvolveram.

Como você percebeu, muitas estratégias podem ser utilizadas de acordo com cada esquema. E cada uma delas tende a manter tanto o estilo de enfrentamento (hipercompensatório, resignado ou evitativo) adotado por você quanto os esquemas que você desenvolveu. Conforme mencionamos antes, são estratégias que já tiveram sentido em algum momento e até protegeram o indivíduo em determinada época, mas que acabam impedindo as pessoas de alcançar suas reais necessidades. Você se lembra de João, o personagem do Capítulo 2? João utiliza estratégias de resignação ao esquema de defectividade (formado em um ambiente crítico e rejeitador na infância e adolescência), pois escolhe parceiros narcisistas e com postura arrogante que sempre tendem a diminuí-lo.

Para que nossas necessidades sejam, de fato, supridas, precisamos reconhecer estas estratégias. Vamos pensar sobre as suas estratégias?

QUADRO 6.1 Esquemas e estilos de enfrentamento adotados nos relacionamentos[2]

Esquema	Resignação	Evitação	Hipercompensação
Abandono	Escolher relacionamentos aos quais não consegue manter compromisso ou escolher pessoas instáveis	Evitar relacionamentos íntimos por medo do abandono	Agarrar-se ao(à) parceiro(a), a ponto de sufocá-lo(a) para não sentir o abandono
Desconfiança e abuso	Escolher parceiros(as) abusivos(as)	Evitar relacionamentos íntimos por desconfiar da outra pessoa	Ser abusivo(a) nos relacionamentos
Privação emocional	Escolher parceiros(as) que não suprem as suas necessidades emocionais e o(a) privam de afeto, empatia e/ou cuidado	Evitar relacionamentos íntimos e/ou evitar pedir ajuda para não se frustrar emocionalmente	Agir de forma exigente com o(a) parceiro(a)
Defectividade/ vergonha	Escolher parceiros(as) que o(a) rejeitam e/ou o(a) diminuem	Evitar expressar o que realmente sente e pensa. Manter distância do(a) parceiro(a)	Tentar ser perfeito(a), criticando e rejeitando o(a) parceiro(a)
Isolamento social	Focar excessivamente nas diferenças da relação, sem identificar as semelhanças	Evitar situações em que alguma característica pessoal seja diferente da do(a) parceiro(a)	Tentar se ajustar de qualquer forma ao relacionamento
Dependência/ incompetência	Não conseguir tomar decisões independentes no relacionamento	Evitar situações em que tenha que decidir algo na relação	Tomar decisões sozinho(a), sem levar em consideração que está em um relacionamento

(Continua)

2 Elaborado conforme proposta de Paim et al. (2019) e Young et al. (2003).

(Continuação)

Esquema	Resignação	Evitação	Hipercompensação
Vulnerabilidade ao dano	Acreditar que o relacionamento passará por uma situação muito difícil e que não conseguirão lidar com isso	Evitar falar sobre problemas, pois eles podem trazer o fim do relacionamento	Lidar com problemas de forma negligente, sem considerar os danos que podem causar no relacionamento
Emaranhamento	Ver a si mesmo(a) e ao(à) parceiro(a) como uma só pessoa na relação	Evitar tomar decisões sem consultar o(a) parceiro(a)	Distanciar-se completamente do(a) parceiro(a)
Fracasso	Dedicar-se pouco ao relacionamento	Evitar engajar-se em relações por não se achar capaz de manter um relacionamento	Agir como se o relacionamento fosse um sucesso e sem defeitos
Arrogo/grandiosidade	Exaltar-se na relação, vendo-se como superior da relação	Evitar situações em que não seja o centro das atenções do(a) parceiro(a)	Prestar atenção excessiva às necessidades do(a) parceiro(a)
Autocontrole/ autodisciplina insuficientes	Desistir da relação nos primeiros problemas que ocorrem	Evitar relacionamentos por acreditar que se trata de uma responsabilidade muito grande	Tornar-se exageradamente controlado(a) e autodisciplinado(a) na relação
Subjugação	Tomar as próprias decisões com base nas vontades do(a) parceiro(a)	Evitar situações que possam resultar em conflitos no relacionamento	Rebelar-se contra o(a) parceiro(a)
Autossacrifício	Cuidar excessivamente do(a) parceiro(a), mesmo que suas necessidades não estejam sendo satisfeitas	Evitar situações em que precise de cuidados do(a) parceiro(a), para não incomodar	Agir de modo egoísta, não considerando as necessidades do(a) parceiro(a)

(Continua)

(Continuação)

Esquema	Resignação	Evitação	Hipercompensação
Busca de aprovação e reconhecimento	Agir de modo a impressionar o(a) parceiro(a)	Evitar interagir com o(a) parceiro(a) em situações em que pode não receber aprovação	Comportar-se de forma a ser reprovado(a) pelo(a) parceiro(a)
Negativismo e pessimismo	Focar nos aspectos negativos que acontecem no relacionamento	Evitar problemas e adotar estratégias para que os sentimentos desconfortáveis não tenham espaço	Tornar-se excessivamente otimista na relação, sem levar em consideração a realidade
Inibição emocional	Manter postura calma, robótica e racional como se não tivesse emoções	Evitar quaisquer situações que envolvam sentimentos e que exijam conversas sobre o assunto com o(a) parceiro(a)	Falar exageradamente sobre sentimentos, sendo o centro da relação e não dando abertura para o(a) parceiro(a)
Padrões inflexíveis	Buscar a todo custo ser perfeito(a) no relacionamento e também que a relação seja perfeita, como se erros e dificuldades não fossem permitidos	Evitar apresentar sua opinião, por receio de ser julgado(a) pelo parceiro(a)	Agir de forma desatenta e descuidada na relação
Postura punitiva	Acreditar que erros devem ser punidos e que o(a) parceiro(a) deve merecer alguma consequência negativa caso faça algo que o(a) machuque	Evitar falar sobre sua vida ou situações em que errou, por medo de ser punido(a) pelo(a) parceiro(a)	Agir de maneira exageradamente caridosa, clemente e benevolente com o(a) parceiro(a)

PARA REFLETIR:

- Quais são os estilos de enfrentamento adotados pelos seus pais, mães e/ou cuidadores?
- Com qual estilo de enfrentamento você mais se identifica?

Agora, vamos pensar sobre as suas estratégias? Como você costuma reagir em momentos de conflito ou tensão com o(a) seu(sua) parceiro(a)? Marque, a seguir, as opções com as quais mais se identifica:

Estratégias hipercompensatórias:

( ) Persigo
( ) Me queixo
( ) O(A) recordo de tudo que me fez sofrer
( ) Insisto no meu ponto mesmo que ele(a) já tenha escutado uma vez
( ) Rumino na minha cabeça tudo que ele(a) fez de errado e isso me traz mais raiva
( ) Aponto os erros dele(a)
( ) Peço, imploro por atenção
( ) O(A) culpo
( ) O(A) critico
( ) Digo como ele(a) pode mudar
( ) Faço perguntas
( ) Grito
( ) Outras, descreva: ______________________________

Estratégias de resignação:

( ) Me retiro e me calo, mesmo não concordando
( ) Não argumento, para não gerar conflito
( ) Aceito tudo
( ) Não me posiciono
( ) Não deixo claro meus incômodos e insatisfações
( ) Busco o que preciso sozinho(a)
( ) Faço tudo pela outra pessoa para ser aceito(a), não ser rejeitado(a) ou retaliado(a)
( ) Outras, descreva: ______________________________

Estratégias evitativas:

( ) Evito, me focando em outra coisa
( ) Tento resolver o problema o mais rápido possível para não precisar conversar
( ) Não escuto
( ) Me nego a falar
( ) Mudo de assunto
( ) Me coloco muito lógico(a)
( ) Bebo ou uso drogas para não sentir
( ) Me envolvo excessivamente em tarefas do trabalho para não entrar em contato com o problema
( ) Como em excesso para evitar a sensação que estou tendo
( ) Minimizo as preocupações
( ) Outras, descreva: ______________________________

O que você percebeu ao responder a essas perguntas? Reconhecer estratégias comportamentais nos auxilia a monitorá-las e a enfrentar as situações de formas que realmente supram as necessidades emocionais que temos. No próximo capítulo, vamos ver como tudo isso que aprendemos até aqui compõe diferentes modos de funcionamento em nós.

7

Como você pode ser diferentes personagens: *os modos esquemáticos*

As diferentes experiências que você teve na vida contribuíram para a construção de modos de funcionamento que são acionados em situações específicas na busca pelo suprimento das suas necessidades básicas.

Como vimos nos capítulos anteriores, a sua história é composta por diferentes aspectos. Tais características, então, formam a sua personalidade e determinam o seu padrão de funcionamento comportamental (ações, forma de reagir e lidar com as situações do dia a dia), cognitivo (crenças, regras, pensamentos, interpretações das situações cotidianas) e emocional (emoções, sentimentos, sensações e motivações). Podemos dizer que essas características estão sempre à sua disposição. Entretanto, você pode ligar algumas funções específicas em momentos distintos. Essa capacidade de "apertar botões" faz parecer que você tem várias partes de si mesmo, que mudam dependendo da situação que está vivendo, como se fossem "modos de funcionar".

Quando uma situação cotidiana tem alguma informação que faça você lembrar de situações estressoras do passado, armazenadas cognitiva e emocionalmente, você pode, por exemplo, apertar esse botão e ativar um modo de funcionar em que se sente mais emocional, vulnerável e sujeito a cognições muito primitivas, como se você fosse uma criança aflita. Essa parte sua não é racional, nem mesmo precisa ser coerente com a situação atual. Ela pode ter emoções intensas e ideias que podem parecer verdades absolutas no momento, mas, depois que você desligar esse botão, a sua percepção da realidade mudará completamente.

Esse seu modo mais infantil pode ser mais inseguro, triste, envergonhado ou culpado, mas também pode ser mais zangado, impulsivo e indisciplinado. Pode ser um modo mais emocional, mais vulnerável (com emoções mais introspectivas) e/ou mais raivoso, impulsivo ou indisciplinado (com emoções mais externalizantes). Esses modos de funcionamento têm relação direta com aquilo que você já experienciou em sua vida quando criança ou adolescente. Hoje, por mais que você não seja criança, a experiência emocional que sente em determinadas situações é bastante similar ao que você já vivenciou naquele momento da sua vida, como se aquela experiência do passado fosse um modelo para o que você sente na atualidade.

Por exemplo, Juliana, foi vítima de *bullying* quando criança. Os colegas de escola zombavam muito da sua aparência e do seu peso. Quando chegava em casa, ao tentar contar o fato aos pais, a sua mãe, muito crítica, dizia que ela estava realmente parecendo uma "bola" e que, por isso, os coleguinhas brincavam com ela. Ainda hoje, Juliana sente extrema vergonha quando alguém tem algum tipo de interesse por ela. Ela se vê como desajustada, não atraente e defeituosa e, por isso, acredita que ninguém gostaria de ter um relacionamento com uma pessoa como ela. Hoje, por mais que algumas pessoas demonstrem interesse por Juliana, ela se esquiva e foge das situações, evitando relacionamentos. A sensação que tem é a mesma da "pequena Juliana", que, ao ser vítima de *bullying* na escola, era vista como "feia e estranha" e, ao chegar em casa, à espera de receber algum tipo de acolhimento, era novamente criticada em sua aparência pela mãe. O acionamento dessa parte de Juliana, a parte "pequena Juliana", carrega um grande sofrimento, com vários esquemas, emoções e sensações corporais de vergonha.

Assim como Juliana, todos temos modos de funcionamento específicos. A depender das experiências que passamos em nossa vida, se não obtivemos, no passado, o cuidado necessário, é bem provável que algum dos modos de funcionamento mais infantis tenha sido instalado em nós. Que tal dar um nome para essa parte sua? Pode ser um apelido de criança, por exemplo, o "pequeno Alberto" ou "Alberto criança", ou então qualquer outro nome que lembre a sua infância. Pense sobre isso e escreva a seguir o nome dessas suas partes emocionais.

Nome de minhas partes emocionais

____

____

____

Se você tiver uma foto sua de quando era criança que represente o nome desse modo de funcionamento que você escreveu, busque-a onde ela estiver guardada e deixe-a por perto durante o restante da leitura deste livro. Em capítulos posteriores, ela pode ser importante para alguns outros entendimentos.

Quando suas emoções estão muito intensas e desconfortáveis, você pode apertar o botão de um outro modo de funcionamento seu, que serve para lhe proteger do estresse e sofrimento. Esse modo pode lhe tornar uma pessoa bem desconectada das emoções, como se você, de repente, ficasse anestesiado ou virasse um robô. Outra forma desse seu modo defensivo também pode transformar você em uma pessoa lutadora e poderosa – isso acontece para você não sentir mais o seu modo de funcionamento vulnerável infantil. Ou você pode apertar o botão de um modo que o transforma em uma pessoa submissa, desistente ou que escolhe não buscar os seus direitos e necessidades.

Em relação a esses modos de funcionamento, como você acha que eles poderiam ser chamados? Marque a(s) opção(ões) a seguir que melhor representa(m) esse(s) seu(s) modo(s):

( ) Dorminhoco – dormir para aliviar emoções
( ) Hiperestimulado – usar muito o celular ou jogos para se aliviar
( ) Isolado – isolar-se do mundo e do contato com as outras pessoas
( ) Desconectado – ficar distraído(a) ou usar álcool e/ou outras drogas
( ) Dependente – buscar nos relacionamentos uma forma de se sentir melhor
( ) *Workaholic* – trabalhar excessivamente para se desconectar dos problemas ou para se sentir poderoso(a)
( ) Superior – colocar-se como superior aos outros, buscando uma posição especial
( ) Lutador – violar e/ou atacar as outras pessoas para aliviar sua raiva ou se sentir poderoso(a)
( ) Em busca de aprovação – mostrar o que tem de melhor, buscando por aprovação e curtidas das outras pessoas para se sentir melhor
( ) Controlador – usar o controle e o perfeccionismo para se sentir melhor
( ) Passivo – para não causar problemas, aceitar não usar toda a sua potencialidade e se contentar com menos a que tem direito, ser passivo(a) e não falar o que quer
( ) Predador – burlar regras para obter alguma vantagem
( ) Irritado – afastar-se das outras pessoas para lidar com a irritação
( ) ______________________________
( ) ______________________________
( ) ______________________________
( ) ______________________________
( ) ______________________________

Já vimos que você tem alguns modos de funcionamento em que sente muitas emoções desconfortáveis e aflições infantis, e também vimos que há outros modos seus que procuram se defender dessas emoções mais intensas. Agora, vamos ver que você também pode ter um botão que liga um modo de funcionar mais exigente e crítico consigo. Esse modo é muito duro, repleto de regras, comparações, cobranças, críticas e até mesmo xingamentos. Ao apertar esse botão, você se transforma, nos modelos de pessoas críticas, punitivas e exigentes que ficaram gravadas em sua mente. Podemos chamar esse modo pelo nome das pessoas que passaram pela sua vida e que ficaram internalizadas em você ou então por qualquer outro nome que faça mais sentido. Você pode chamar essa sua parte de: *pai internalizado, mãe internalizada, irmão internalizado, professora Martha internalizada, colegas de aula internalizados, avô Roberto internalizado,* ou até mesmo *família Bueno internalizada* ou *sociedade/cultura internalizada, lado crítico internalizado* ou *lado exigente internalizado.*

Você lembra da Maria, nossa personagem do Capítulo 3? Ela tem um modo exigente (Maria exigente) que lhe diz: "*Você precisa cuidar dos outros. As pessoas precisam de você. Você precisa dar conta de tudo*". Essas eram as frases que a mãe dela lhe dizia explicitamente ou deixava subentendidas em relação aos cuidados do pai. Esse lado acompanha Maria em todas as suas relações e a faz se sentir muito demandada.

Vamos pensar sobre isso? Você acredita que há algum modo de funcionar seu que reflita essa internalização crítica? Em caso positivo, responda às questões a seguir:

Como se chama a sua parte exigente ou crítica?

____

____

____

O que essa parte costuma lhe dizer que faz mal ou deixa você angustiado(a)?

____

____

____

____

____

____

____

____

Assim como existem modos de funcionar que nos trazem mais sofrimento ou desconforto, existem modos de funcionamento mais saudáveis em você. O modo adulto saudável é aquele que consegue entender as suas características e agir, quando necessário, de forma diferente. Ao acionar esse modo, você consegue se conectar com suas emoções, entender o que elas estão mostrando e escolher estratégias boas e cuidadosas para consigo e para com os outros. O modo de funcionamento adulto saudável é a sua parte mais saudável, que consegue entender as suas necessidades emocionais e buscar atendê-las de maneira assertiva, fazendo escolhas de vida para alcançar esses objetivos. Você pode nomear esse modo como a sua parte adulta saudável.

________________________ ADULTO(A) SAUDÁVEL

(escreva seu nome)

Outro modo de funcionamento seu, também muito importante, é o modo criança feliz, que é ligado pelo botão das necessidades emocionais satisfeitas. Quando você tem as necessidades de segurança, apoio, empatia, validação, cuidado, valorização, amor, respeito, autonomia, limites, desejos e necessidades considerados, lazer, espontaneidade e expressão emocional legítima, então você se sente feliz e radiante.

Você consegue identificar quando esse modo de funcionamento é acionado? Descreva a seguir a sua necessidade emocional que, quando suprida, deixa a sua criança feliz mais viva:

____

____

____

Com todas essas programações e modos de funcionar, podemos ter uma dimensão de quão complexas as relações podem se tornar. Assim como você tem os seus modos de funcionar, a pessoa com a qual você está em relacionamento também tem os dela. O objetivo parece ser o mesmo: o suprimento das necessidades emocionais básicas e a conexão emocional. Mas, infelizmente, nem sempre essas necessidades são supridas. Alguns modos de funcionamento nos afastam dos nossos objetivos e dos(as) nossos(as) parceiros(as). Na próxima parte deste livro, vamos compreender um pouco mais sobre quando uma história (a sua) encontra outra história (a da pessoa com quem você se relaciona ou com quem pretende se relacionar) e quais as consequências e melhores formas de lidar com estas situações.

PARTE III

O encontro com a outra pessoa: quando a história se repete

8

A escolha amorosa

Não somos totalmente livres para escolher qualquer pessoa para nos relacionarmos ou constituirmos uma família. Nós temos essa bagagem da construção do nosso mundo interno.

Como vimos até aqui, nossos esquemas mentais de como amar e ser amados são construídos a partir das experiências da nossa história com os cuidadores e com outras figuras representativas em nosso desenvolvimento. Agora, vamos falar sobre como esses esquemas são utilizados como base para vivenciar as relações íntimas ao longo da vida, como uma forma de coerência cognitiva e manutenção de padrões esquemáticos.

Você já percebeu alguma semelhança nas características das pessoas que escolhe para se relacionar? Você costuma sentir-se atraído(a) por pessoas com um estilo parecido? De fato, nossas escolhas amorosas são tendenciosas e seguem os nossos esquemas mentais. Sendo assim, não somos totalmente livres para escolher qualquer pessoa para nos relacionarmos ou constituirmos uma família.

Podemos comparar a escolha amorosa com uma escolha de sabão em pó no supermercado. Você tende a comprar uma marca conhecida ou desconhecida? É provável que tenda a comprar a marca que já conhece e que foi usada muitas vezes por você e/ou sua família; além disso, talvez essa marca já tenha estado em sua casa via comerciais de televisão. Isso acontece porque as pessoas costumam comprar o que aprenderam que é um sabão em pó e com o qual estão familiarizadas – não significa que seja pela qualidade do produto. As estratégias de *marketing* buscam deixar os produtos mais próximos dos consumidores, e, quanto mais a imagem do produto está presente no dia a dia, mais atraente ele será.

Nas escolhas amorosas, é possível perceber essa busca por aquilo que já nos é conhecido a partir do que podemos chamar de "química esquemática". Essa química ocorre mediante a ativação dos nossos esquemas mentais e das memórias emocionais dolorosas que foram construídos em nossa história de vida. Sendo assim, as pessoas podem escolher umas às outras com base em suas histórias (sejam elas de suprimento ou supressão emocional), o que resultará na repetição de padrões familiares que muitas vezes perpetuam situações angustiantes.

Essa repetição de escolhas frustrantes também é vista popularmente como "dedo podre" e, infelizmente, não é uma experiência isolada, mas comum para muitas pessoas na escolha por uma parceria romântica. É fundamental compreender que essas escolhas tendenciosas são "armadilhas de vida" que servem para fortalecer os nossos esquemas mentais, mesmo que eles não sejam bons para nós.

Como os nossos esquemas são viciantes, tendemos, quando adultos, a reproduzir aquilo que já aprendemos em eventos traumáticos da nossa infância. Assim, é bastante comum que a atração pelo esquema disfuncional faça com que padrões destrutivos e traumáticos continuem a se repetir, tais como as experiências de negligência, desvalorização, rejeição, violências, abandono, abuso, entre outras. Isso não significa que essa repetição de padrões é saudável, mas que, ante a carência de suprimento das nossas necessidades emocionais básicas na infância, muitos padrões disfuncionais foram interpretados como o que era o "correto" e, consequentemente, contribuíram para a maneira que aprendemos a amar e a escolher parcerias amorosas. Convidamos você a refletir sobre o padrão de suas escolhas amorosas, respondendo às seguintes perguntas:

Quais foram os maiores incômodos que você teve nas relações com os seus cuidadores? Quais eram as características deles que mais lhe causavam sofrimento?

____

____

____

____

____

____

Quais as características dos seus últimos relacionamentos que fazem você sentir o mesmo sofrimento (ou sofrimento parecido) sentido nas suas relações com os cuidadores?

____

____

____

____

____

____

Você está aberto(a) para conhecer pessoas com características boas, mas que não lhe são fortemente atraentes em um primeiro momento? Se sim, quais são as características das pessoas que você costuma rejeitar?

____

____

____

____

____

____

Vamos usar alguns exemplos para você entender melhor como a atração pela manutenção esquemática nos direciona para escolhas amorosas que reproduzem os padrões da nossa história. Nesses exemplos, você vai perceber também algumas combinações comuns de padrões de esquemas que se atraem.

DEFECTIVIDADE/VERGONHA + GRANDIOSIDADE

Encontramos a sensação de desvalor nas pessoas que têm o esquema de defectividade/vergonha (como visto no Capítulo 5), pois, provavelmente, na sua história elas viveram a sensação de rejeição familiar ou social. O esquema de defectividade/vergonha tende a gerar atração por parceiros(as) críticos(as) e que apresentam um senso de superioridade aos outros. Na combinação *defectividade/vergonha + grandiosidade*, há a reprodução das sensações infantis de rejeição e desvalorização, como se as pessoas não fossem merecedoras de amor por serem quem são. A busca por parceiros(as) que têm esquema de grandiosidade, muitas vezes, reflete uma busca desesperada por valor, mas que acaba virando uma armadilha para a reprodução da sensação de rejeição e menos-valia. Você se lembra de João, do Capítulo 2? João percebe-se defeituoso, inadequado e sem atrativos (com esquema de defectividade/vergonha), mas quando o desenvolto e confiante Lauro mostra algum interesse por ele, a sensação de valorização em João é instantânea, algo que ele quase não conhece. Entretanto, o valor de João passa a estar condicionado à aprovação de Lauro, e Lauro passa a ser muito crítico e exigente com João, já que se sente superior e especial (com esquema de grandiosidade). A arrogância de Lauro e a sensação de desvalor de João se retroalimentam na dinâmica da relação, resultando na manutenção das sensações esquemáticas já vivenciadas no passado.

DESCONFIANÇA/ABUSO + DESCONFIANÇA/ABUSO

As pessoas com experiências familiares e sociais de abuso psicológico, físico e/ou sexual costumam reproduzir as experiências do abuso nas relações amorosas adultas. É bastante comum que duas pessoas com esquema de desconfiança/abuso se atraiam. Nessa dinâmica, os conflitos podem ser carregados de desconfiança, estratégias agressivas e instabilidade, o que fortalece a crença de que as relações são perigosas e abusivas. Vamos ver um exemplo? Ana vivenciou, durante a infância e adolescência, muita insegurança e medo por presenciar brigas violentas entre os pais, e ela sempre se preocupava quanto à segurança deles. Ana sofria punições severas tanto do pai quanto da mãe, o que a deixava sempre tensa em seu próprio lar. Lúcia também cresceu em um ambiente familiar hostil, com muitas humilhações e críticas. Além disso, ela sofreu *bullying* na escola por anos. Ana e Lúcia compartilham de sensações de insegurança e desconfiança quando se trata de relações íntimas e, desde que se conheceram, a insegurança, o medo e a raiva uma pela outra estão presentes no dia a dia do casal. Comportamentos agressivos, xingamentos e a busca pelo controle também fazem parte da vivência conjugal, seguindo as vivências abusivas que tiveram na sua história.

GRANDIOSIDADE + SUBJUGAÇÃO

As pessoas com esquema de grandiosidade tiveram um ambiente familiar excessivamente permissivo e com o foco exagerado nas próprias necessidades, não conseguindo assim desenvolver a capacidade de empatia e altruísmo. A tendência de atração por relações que reforcem as sensações de superioridade e merecimento faz com que as pessoas com esquema de grandiosidade busquem pessoas que façam tudo para elas e coloquem sempre as suas necessidades em primeiro lugar. Para a manutenção esquemática, a escolha por parceiros(as) com esquema de subjugação é fortemente atrativa, pois estes(as) costumam ser totalmente direcionados(as) à satisfação dos outros. A passividade da pessoa com esquema de subjugação é fortalecida pela postura dominante do(a) parceiro(a) com esquema de grandiosidade. Como exemplo, podemos pensar em Luiz. Ele acredita merecer tratamento especial e procura alguém que possa satisfazer todas as suas vontades e exaltar a sua importância e valor, ao contrário de Tarso, que acha que suas vontades devem ficar sempre em segundo plano e que dizer não para as outras pessoas pode gerar conflito e rejeição. O encaixe das experiências dos dois acaba por manter os seus esquemas e os padrões familiares. Luiz continua a ter dificuldade de limites e empatia, enquanto Tarso continua a não ser validado e respeitado quanto a suas necessidades, seus direitos e suas opiniões.

PRIVAÇÃO EMOCIONAL + INIBIÇÃO EMOCIONAL

Quando há o esquema de privação emocional, é porque a pessoa teve experiências de solidão, desamparo, distanciamento, frieza emocional e/ou negligência (física ou emocional) na sua história. Em geral, essas experiências acontecem desde muito cedo e já são, muitas vezes, transgeracionais. O esquema de privação emocional contempla sensações de desamparo, solidão e desconexão emocional, com expectativas negativas sobre o atendimento de suas necessidades emocionais nos relacionamentos. Sendo assim, a atração acontece por pessoas que reproduzem uma experiência de frieza emocional. Ao se relacionar com pessoas com esquema de inibição emocional, ou seja, com aquelas que aprenderam na sua história que demonstrar emoções é errado ou vergonhoso, as pessoas com esquema de privação emocional revivem a sensação de distanciamento afetivo. Por exemplo, Vicente tem muita dificuldade para se entregar a uma relação, pois acredita que nunca terá alguém com quem poderá contar verdadeiramente. Ao se relacionar com Aline, seu esquema é mantido, já que a namorada apresenta muita dificuldade de expressar qualquer tipo de emoção, sentimento ou empatia. A dificuldade de Vicente em buscar o atendimento de suas necessidades, combinada a um jeito inibido, racional e pouco espontâneo de Aline, faz com que eles mantenham uma relação desconectada e distante, repetindo os padrões de suas histórias.

ABANDONO + ABANDONO

O esquema de abandono é formado na experiência com cuidadores instáveis. Isso pode acontecer por instabilidade emocional (doenças psiquiátricas como depressão, bipolaridade, dependência química e/ou outras), instabilidade física (morte ou doença) ou instabilidade ambiental (crise conjugal, crise financeira, ausência dos pais por trabalharem muito, entre outros). Sendo assim, o esquema de abandono de uma pessoa pode aprisioná-la na instabilidade da figura de apego, levando-a a escolher um(a) parceiro(a) que também tenha em sua história a experiência de instabilidade e abandono. Para ilustrar essa díade, vamos falar de Luana. Ela tinha 2 anos quando a irmã mais nova nasceu e a mãe foi diagnosticada com depressão pós-parto. Na época, Luana foi para a pré-escola e não conseguiu se adaptar, pois sofreu um quadro de ansiedade de separação. Aos 5 anos, os pais se separaram de forma definitiva, depois de anos de idas e vindas. A mãe sofreu imensamente a ausência do pai por muito tempo, tendo episódios depressivos recorrentes. Em uma de suas viagens, Luana conheceu Pedro, que costumava morar por alguns meses em cidades diferentes, sem um lar fixo. A química entre os dois foi intensa e Luana logo se apaixonou. Já Pedro, que também estava envolvido com Luana, tinha a estratégia de abandonar antes de ser abandonado e logo organizou a sua próxima moradia bem longe de Luana. Pedro perdeu os pais muito cedo, o que o fez lidar com o seu esquema de abandono evitando qualquer vínculo mais seguro, pois a pessoa poderia abandoná-lo ou morrer e todo o sofrimento poderia acontecer novamente.

DEPENDÊNCIA/INCOMPETÊNCIA + PADRÕES INFLEXÍVEIS

Quem tem esquema de dependência/incompetência sente muita insegurança em relação à própria capacidade de tomar decisões corretas ou, até mesmo, de gerenciar a própria vida. Por isso, a pessoa tende a sentir-se fortemente atraída pelo funcionamento controlador de outra pessoa que tem esquema de padrões inflexíveis. Uma manda e a outra obedece – assim é o encaixe nessa díade o que fortalece a sensação de dependência/incompetência de quem tem esse esquema (reproduzindo o ambiente familiar controlador). Também reforça a necessidade de controlar e ter desempenhos elevados por parte da pessoa que tem esquema de padrões inflexíveis (que teve um ambiente familiar exigente com tensão por desempenho). Um exemplo desse padrão de atração pode ser visto no caso de Maria, que apresentamos no Capítulo 3. Vitória sempre foi superprotegida pelos pais e nunca acreditou que conseguiria ter uma vida adulta com responsabilidades. Ao começar a relação com Maria, ela se tranquilizou, pois Maria era controladora e, desde o início da relação, sempre dizia o que Vitória devia fazer. Com o passar do tempo, a dinâmica do casal passou a deixar Vitória cada vez mais insegura sobre tomar decisões sozinha. Maria também foi ficando cada vez mais sobrecarregada e exigente consigo e com Vitória. Então, Maria não relaxava nunca, repetindo exatamente a sensação que sentia na sua família de origem.

AUTOCONTROLE/AUTODISCIPLINA INSUFICIENTE + AUTOSSACRIFÍCIO

O esquema de autocontrole/autodisciplina insuficiente é formado a partir de um ambiente permissivo e sem limites, no qual a criança não desenvolve tolerância à frustração. A busca pela revivência desse ambiente pode levar uma pessoa com esquema de autocontrole/autodisciplina insuficiente a sentir atração por parceiros(as) com esquema de autossacrifício. Nesse padrão de atração, um(a) parceiro(a) tende a ser displicente com as tarefas e rotinas, enquanto o(a) outro(a) assume todos os cuidados de forma serviçal. Por exemplo, Caio e Marcelo foram morar juntos com três meses de relacionamento. Desde então, Caio assumiu as atividades domésticas e sempre foi o responsável pela organização das despesas da casa. Marcelo, por sua vez, tem dificuldade nas atividades diárias e em geral não permanece por muito tempo no mesmo emprego. Ele costuma dizer que precisa focar na faculdade, embora também tenha muita dificuldade em manter alguma disciplina até o final do semestre letivo. Caio acredita que se sacrificar para ajudar Marcelo é o que tem de ser feito, pois foi o que ele precisou fazer para cuidar dos pais, já que a mãe sempre esteve muito doente. Marcelo, da mesma forma, acaba por reproduzir a falta de limites vivenciada em uma família de origem muito permissiva.

PADRÕES INFLEXÍVEIS + PADRÕES INFLEXÍVEIS

Pessoas com padrões inflexíveis em geral foram criadas em famílias extremamente exigentes e críticas, em que o relaxamento e a expressão emocional não eram permitidos. Uma díade de parceiros(as) com esquema de padrões inflexíveis é comum, o que leva à manutenção do padrão familiar de ambos(as). A produtividade excessiva leva a uma dificuldade de relaxamento e expressão afetiva. Além disso, críticas exageradas entre o casal podem reforçar pressões internas de desempenho. Um exemplo padrão pode ser visto em Tamara e Carla. Elas são extremamente perfeccionistas, rígidas, organizadas e exigentes, o que as deixa muito atarefadas e com pouquíssimo tempo para lazer ou para o casal. A casa delas é muito bem-organizada e bonita, mas não é um lugar de diversão, espontaneidade e afeto, assim como foi e ainda é a casa dos pais delas.

PARA REFLETIR:

Ao ler as histórias sobre os padrões de atração ao longo deste capítulo, você se identificou com algum deles? Em caso positivo, com qual ou quais?

Se não se identificou com nenhum dos padrões de atração descritos, pense sobre qual o seu padrão de escolha amorosa e o que esse padrão tem a ver com a sua história. Mesmo que não seja fácil identificar a manutenção dos seus esquemas nas suas relações amorosas, não desista. Descobrir como os seus esquemas podem ditar as suas escolhas é importante, pois você poderá ter a liberdade para fazer escolhas que mudam a sua história e que lhe permitam ter uma nova experiência sobre como amar e ser amado(a), formando novos esquemas mentais.

A química que acontece na escolha de padrões que caibam em nossos esquemas envolve atenção sobre os aspectos relacionados às experiências da nossa história. A atração por pessoas que, de alguma forma, mantêm sensações familiares faz parte da manutenção esquemática e pode nos causar prejuízo por realizarmos escolhas que perpetuam os nossos sofrimentos. Para mudar a nossa história, é preciso nos acostumarmos com algo que pode, à primeira vista, ser desafiador, assustador e desconhecido, mas que pode levar a um relacionamento satisfatório, estável e que nos ajude a crescer. Nos próximos capítulos, também vamos ver alguns outros relacionamentos que tiveram início com base na química esquemática.

9

O relacionamento

É muito comum usar os nossos esquemas mentais e estratégias de enfrentamento em nossas relações amorosas. Como se voltasse numa máquina do tempo, um adulto revive emoções, sensações, pensamentos e age como se fosse uma criança outra vez.

Em um relacionamento, as histórias se encontram e as bagagens dos(as) parceiros(as) podem interferir na dinâmica da relação. Geralmente, as pessoas que iniciam uma relação buscam satisfação emocional e compartilhamento de sentimentos agradáveis. Entretanto, na prática, a experiência de um relacionamento não costuma estar isenta de medos, emoções desagradáveis, sofrimento e comportamentos pouco assertivos ou até mesmo destrutivos, que acabam por manter nossos esquemas e repetir nossa história.

Muitas vezes, a pessoa não percebe os ciclos em que está inserida, e a repetição de sensações emocionais dolorosas é reativada no relacionamento atual. Você se lembra da química esquemática que mencionamos no capítulo anterior? As pessoas tendem a ser atraídas por situações e relacionamentos que ativam os seus esquemas e que trazem, de certa forma, uma sensação de "coerência" com a história já vivida. Isso não significa que as sensações de maus-tratos ou outras situações dolorosas em que suas necessidades emocionais básicas não foram supridas são corretas e "coerentes" em termos do que você precisava, mas que existe uma "economia cognitiva" para a reprodução de situações. Por exemplo, podemos pensar na história de Cláudio e Juliana.

Cláudio tem esquema de abandono. Ele foi abandonado pelos pais quando tinha apenas 5 anos de idade. Suas únicas figuras de apego foram um tio e uma tia que cuidaram dele no período em que os pais o deixaram. A tia era uma pessoa muito importante para ele, com quem podia contar para qualquer coisa. Infelizmente, quando Cláudio completou 8 anos, essa tia faleceu. Nesse momento, Cláudio sentiu uma sensação muito dolorosa de perda de conexão e abandono, semelhante à que ele já havia sentido ao ser abandonado pelos pais. Hoje em dia, Cláudio se apega profundamente aos seus relacionamentos com medo de perder a pessoa.

Juliana, por sua vez, tem esquema de inibição emocional. Ela nunca aprendeu sobre emoções durante sua criação. Os pais e familiares não falavam sobre isso, nem abriam espaço para que a expressividade emocional pudesse ocorrer. Ela cresceu acreditando (mesmo sem refletir muito sobre isso) que falar sobre emoções era desnecessário e sem importância. Para Juliana, ao se deparar com algum problema, é só resolvê-lo racionalmente, sem necessidade de colocar muita emoção nisso.

Cláudio e Juliana se conheceram por meio de uma rede social. Moravam em Estados diferentes, mas, segundo eles, isso não era um problema para o casal, pois sempre conversavam sobre como fariam para morar juntos. Após 1 ano e 6 meses, eles decidiram morar juntos no Estado de Juliana. O relacionamento do casal passou por uma série de desafios nessa nova fase, em que eles estavam lidando diretamente com a presença física um do outro. Cláudio reclama que Juliana não fala sobre aquilo que de fato está sentindo nas situações e isso faz com que ele se sinta mal, como se ela não estivesse ali para ele. Juliana reclama que Cláudio é muito pegajoso e que quer ter "DRs" (discussões sobre o relacionamento) a todo momento, o que faz com que ela se sinta pressionada e sem energia para falar com ele.

A sensação de Cláudio é de que o vínculo que tem com Juliana não é estável, e o fato de ela não falar sobre esses assuntos faz com que ele se sinta isolado e abandonado emocionalmente. Para Juliana, a sensação é a de ser pressionada para falar sobre algo que ela não acredita ser necessário ou importante.

Cláudio e Juliana já tinham esses comportamentos (de não falar com frequência sobre emoções *versus* buscar conversar sobre o relacionamento) desde o período em que conversavam via rede social. Na época, todavia, eles não percebiam isso diretamente. Esta foi uma escolha de relacionamento baseada em uma forte química esquemática. As necessidades emocionais de Cláudio e Juliana não estão sendo supridas e o casal tem entrado em períodos de discussões e conflitos no relacionamento. Para que isso seja "remediado", é preciso que eles identifiquem quais as suas necessidades emocionais e o que realmente lhes traz desconforto no relacionamento. A partir disso, é possível que eles se conectem ao acessarem as suas vulnerabilidades e serem acolhidos um pelo outro no relacionamento.

E você? Já parou para perceber quais são os desconfortos emocionais que costumam ser desencadeados nos seus relacionamentos? Vamos fazer um exercício? Tente lembrar de um conflito recente na sua relação, qualquer conflito que lhe fez sentir alguma emoção mais forte. Lembrou? Escreva a seguir qual foi a situação:

____

____

____

____

____

____

Agora, para conseguirmos analisar melhor os seus sentimentos, feche os olhos e tente reviver a cena por alguns instantes. Lembre-se de observar os detalhes da cena, as expressões do(a) seu(sua) parceiro(a) e, principalmente, suas emoções, sentimentos e pensamentos. Depois de ter fechado os olhos para lembrar da cena, você deve ter conseguido entender melhor algumas vivências internas. O que você sentiu na cena? Marque a seguir as emoções e sentimentos experienciados:

( ) Tristeza
( ) Raiva
( ) Ciúme
( ) Medo
( ) Vergonha
( ) Culpa
( ) Irritação
( ) Insegurança
( ) Outras: Quais? ____________________

Esta é uma emoção que você costuma sentir diante de conflitos nos relacionamentos?

( ) Sim ( ) Não

Dos esquemas descritos no Capítulo 5 (ver Quadro 5.1), qual deles você acha que foi acionado no momento do conflito que você descreveu anteriormente?

____

____

____

____

____

____

O que você fez ou teve vontade de fazer na cena para se proteger? Selecione e/ou descreva quais foram as suas estratégias de enfrentamento para lidar com o conflito na cena:

( ) Calou-se

( ) Xingou

( ) Saiu de perto

( ) Desligou-se

( ) Ficou insistindo para achar uma solução

( ) Criticou ou culpou seu(sua) parceiro(a)

( ) Tentou mostrar o quanto ele(a) estava errado(a)

( ) Quebrou algo ou agrediu seu(sua) parceiro(a)

( ) Olhou o celular dele(a) ou fez outra tentativa de controle

Utilizou outras estratégias? Quais? ______________________________

____

____

____

____

____

____

Esta é uma ação que você costuma ter diante de conflitos nos relacionamentos?

( ) Sim ( ) Não

Agora vamos tentar voltar ainda mais no tempo. Feche os olhos novamente por alguns instantes e tente buscar uma memória de quando você era criança ou adolescente em que esteja sentindo emoções e sentimentos semelhantes aos da cena de conflito com o(a) seu(sua) parceiro(a) lembrada antes. Ainda nesta imagem mental, analise a lembrança da infância ou adolescência como se você estivesse na cena por um momento.

Descreva a seguir a cena da sua infância ou adolescência que você lembrou:

____

____

____

____

____

O que você gostaria que fosse diferente nesta cena?

Do que você precisava?

( ) Mais carinho e afeto
( ) Cuidado e amparo
( ) Empatia
( ) Consideração e respeito
( ) Segurança
( ) Valorização
( ) Liberdade
( ) Validação de emoções e vontades
( ) Saber que seus cuidadores estariam ali para você
( ) Proteção
( ) Relaxamento e lazer

Precisava de outras coisas? O quê?

As sensações desta última cena do seu passado são semelhantes às sensações da cena do seu conflito conjugal?

( ) Sim ( ) Não

O que sua criança ou seu adolescente precisava na cena é semelhante ao que você precisaria hoje do(a) seu(sua) parceiro(a)?

( ) Sim ( ) Não

É muito comum que usemos os nossos esquemas mentais e estratégias de enfrentamento em nossas relações amorosas, como se voltássemos em uma máquina do tempo. Um adulto revive emoções, sensações, pensamentos e age como se fosse uma criança outra vez. Então, sem consciência das marcas da nossa história, a manutenção esquemática assume o comando das nossas vivências e gera repetições de padrões destrutivos nos relacionamentos adultos, de acordo com padrões familiares para nós.

Use o espaço a seguir para avaliar a sua última relação de forma geral. Em que aspectos emocionais, cognitivos (pensamentos, ideias, regras e crenças) e comportamentais ela faz você lembrar da sua história?

____

____

____

____

____

____

____

____

Quais são os gatilhos no relacionamento que costumam apertar os seus botões dos esquemas? Por exemplo: o(a) parceiro(a) esquecer de pagar uma conta que você pediu para ele(a) pagar, o(a) parceiro(a) não conversar sobre intimidade e emoções, o(a) parceiro(a) não responder às suas mensagens, etc.

É importante lembrar que os(as) nossos(as) parceiros(as) também têm as suas histórias e eles(as) também reproduzem padrões inconscientes dos seus esquemas mentais. No próximo capítulo, você vai compreender mais profundamente como o encontro de esquemas pode gerar ciclos destrutivos e desconexão na relação.

10

A (des)conexão

Quando um casal está usando muitos comportamentos defensivos, ele acaba por entrar em um círculo vicioso que leva a um funcionamento de desconexão, falta de empatia e reprodução de vivências familiares de privações de necessidades emocionais.

O medo de sentir as dores das feridas emocionais da nossa história e a ativação dos esquemas mentais acionam os modos defensivos que, muitas vezes, em vez de proteger, acabam aumentando a desconexão no relacionamento. O uso exagerado desses modos de enfrentamento faz o casal perder a oportunidade de viver uma troca emocional saudável e satisfatória; além disso, eles acabam por entrar em um círculo vicioso destrutivo que se retroalimenta e aumenta ainda mais a desconexão, a falta de empatia e a reprodução de vivências familiares de privações de necessidades emocionais. Vamos ver um exemplo de como isso acontece?

Marcos costuma não gostar de entrar em conflito com Milena, pois ele sente que nada do que possa fazer irá aliviar a mágoa e a insatisfação da esposa. Ao perceber a irritação de Milena, Marcos costuma se desligar automaticamente, como se um disjuntor, de fato, desligasse dentro dele e as emoções acabassem. Ele também costuma usar outras estratégias evitativas, tais como sair de perto da esposa, assistir à televisão, usar o celular e beber. Com essas estratégias, Marcos acaba acionando as memórias emocionais e cognitivas de Milena referentes ao esquema de privação emocional. Ela se sente sozinha e como se não pudesse contar com o marido, pois ele se afasta física e emocionalmente. Milena, ao se deparar com a sua dor da solidão (presente em toda a sua história), aciona um modo de enfrentamento hipercompensatório e começa a atacar Marcos com críticas e xingamentos muito duros. Mas do que Marcos está realmente se desligando? Assim como o ataque de Milena, o desligamento de Marcos também é um modo de enfrentamento para protegê-lo das feridas já existentes nele. Os ataques da esposa fazem com que o esquema de defectividade de Marcos seja ativado – como resultado, ele se sente errado, sem valor e indigno de ser amado, assim como se sentia no ambiente familiar crítico em que cresceu. A Figura 10.1 ilustra mais claramente esse ciclo em Marcos e Milena.

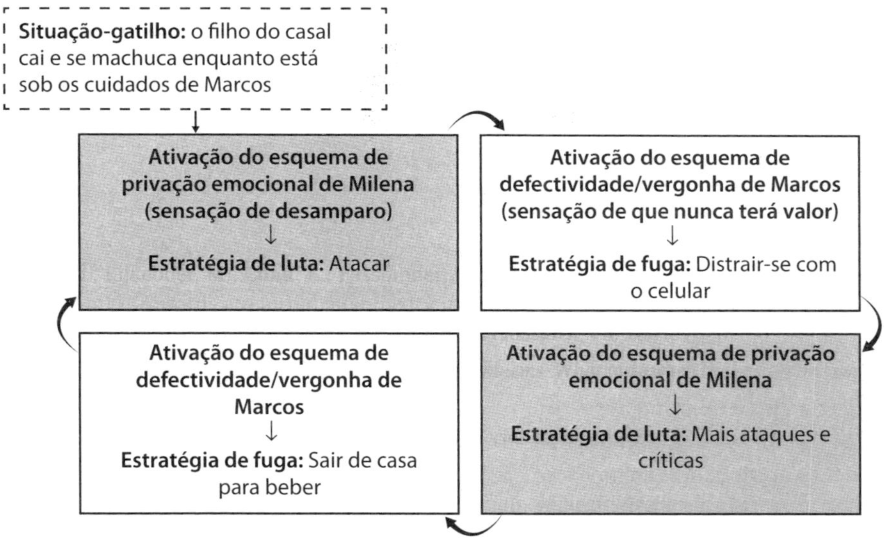

FIGURA 10.1 O ciclo de modos do casal Marcos e Milena.[1]

Quando estão em um conflito conjugal, os(as) parceiros(as) só enxergam as estratégias de enfrentamento (defesas) um(a) do(a) outro(a) e, diante disso, se sentem em perigo, com suas necessidades emocionais ameaçadas. Sendo assim, a única coisa que desejam é se proteger um(a) do(a) outro(a) e, nesse momento, a empatia é desligada e substituída pela autopreservação e autodefesa.

1 Esta e as demais figuras apresentadas sobre o ciclo de modos, neste capítulo, são baseadas em Paim e Cardoso (2019).

É importante lembrar que o que move a engrenagem do ciclo destrutivo entre o casal são os modos de enfrentamento destrutivos, como vimos no Capítulo 7: o casal é que mantém uma dinâmica de desconexão e destruição. Quando um casal está em um ciclo destrutivo, eles(as) não conseguem enxergar as necessidades emocionais um(a) do(a) outro(a) e nem mesmo as próprias necessidades emocionais. A seguir, apresentaremos alguns ciclos de modos que podem ser bem comuns em certos relacionamentos.

CICLO DOMINAÇÃO VS. DOMINAÇÃO

Neste tipo de ciclo, as duas pessoas usam estratégias de enfrentamento de luta e dominação, podendo atacar, criticar, agredir, controlar, trair, agir com superioridade, manipular, entre outras. Tais estratégias podem servir para lidar com as sensações de vulnerabilidade das necessidades emocionais não supridas e dos esquemas mentais. Um casal com um ciclo dominação vs. dominação está sempre em conflitos que geram escaladas destrutivas de ataques e contra-ataques, e as acusações tomam conta da dinâmica (Figura 10.2). Estresse, ansiedade, raiva e tensão estão sempre muito presentes no dia a dia do casal.

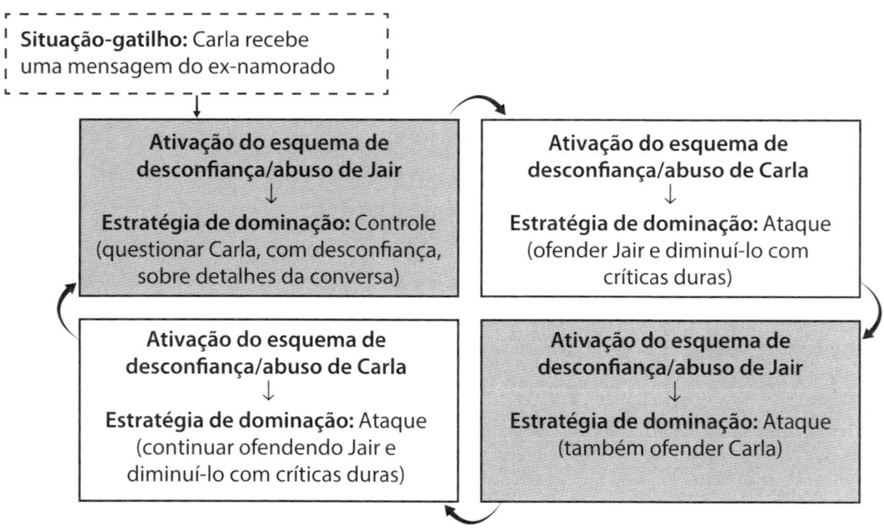

FIGURA 10.2 O ciclo de modos do casal Jair e Carla.

CICLO DOMINAÇÃO VS. FUGA

Neste caso, temos uma pessoa que foge e outra que persegue. Enquanto uma lida com suas inseguranças derivadas de seus esquemas com estratégias evitativas (desligando-se, distraindo-se, bebendo, afastando-se, entre outras), a outra pessoa lida com as suas inseguranças buscando a aproximação pela dominação e pelo controle. O que acontece com esse ciclo é que, quanto mais uma pessoa foge, mais a outra persegue, e, quanto mais uma pessoa persegue, mais a outra foge (Figura 10.3).

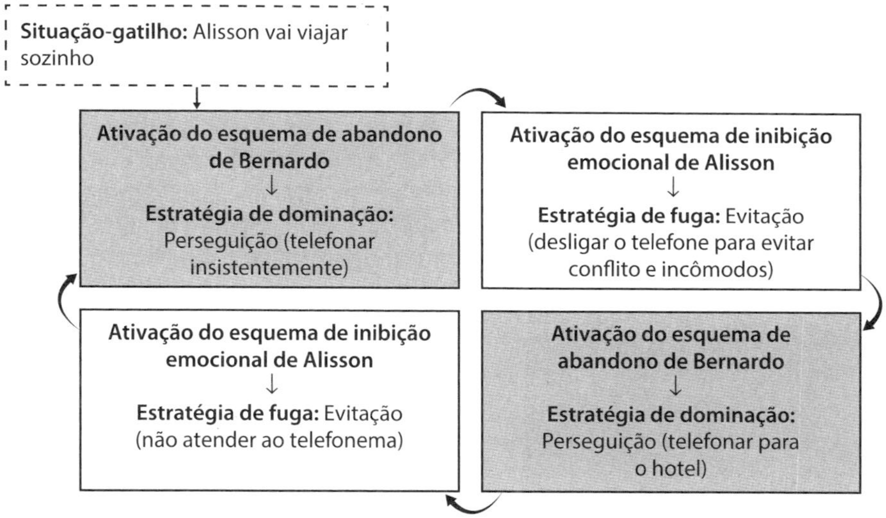

FIGURA 10.3 O ciclo de modos do casal Alisson e Bernardo.

CICLO DOMINAÇÃO VS. PASSIVIDADE

A díade *dominante/dominado* é a dinâmica desse ciclo, o que pode até mesmo reproduzir vivências abusivas na relação. Uma das pessoas da relação, muitas vezes por se sentir vulnerável e insegura, acaba por usar estratégias de obtenção de controle sobre o(a) parceiro(a), como estratégias hipercompensatórias. Há compatibilidade com a resignação e passividade do(a) outro(a) parceiro(a), que, para não desagradar ou gerar conflito (por medo do abuso, abandono ou rejeição – que já fez parte da sua história), acaba adotando uma postura de fazer tudo para a outra pessoa, não conseguindo dizer não e/ou estabelecer limites (Figura 10.4).

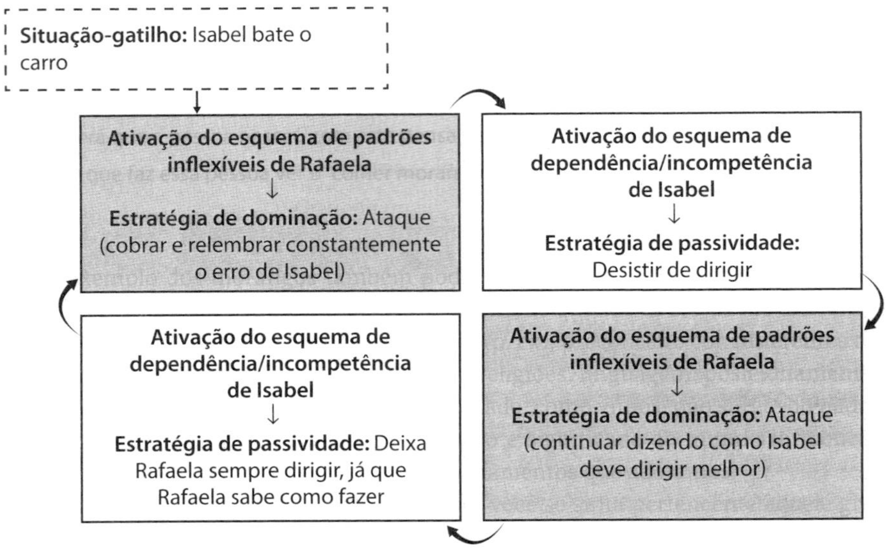

FIGURA 10.4 O ciclo de modos do casal Rafaela e Isabel.

CICLO FUGA VS. FUGA

Esse ciclo representa a dinâmica de casais que permanecem se distanciando e perdendo a intimidade. Aqui, as duas pessoas lidam com as suas emoções se afastando física e emocionalmente e acabam desenvolvendo uma blindagem para as emoções. Os conflitos costumam não acontecer, mas em geral existe um abismo entre o casal (Figura 10.5). Não é raro que, quando percebem, já estão muito distantes um do outro e fica difícil recuperar a satisfação emocional.

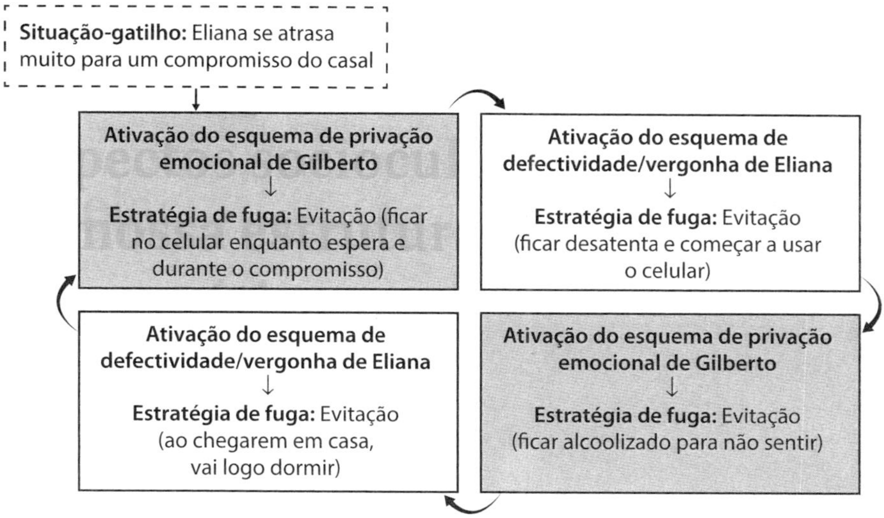

FIGURA 10.5 O ciclo de modos do casal Gilberto e Eliana.

CICLO FUGA VS. PASSIVIDADE

Parecido com o ciclo anterior, a diferença aqui é que um(a) dos(as) parceiros(as) sente as frustrações, embora não manifeste os seus incômodos e inseguranças ante o afastamento físico e emocional do(a) parceiro(a) (Figura 10.6). É comum que o(a) parceiro(a) que usa estratégias mais passivas em alguns momentos também use estratégias mais agressivas de dominância, o que seria uma postura passiva/agressiva.

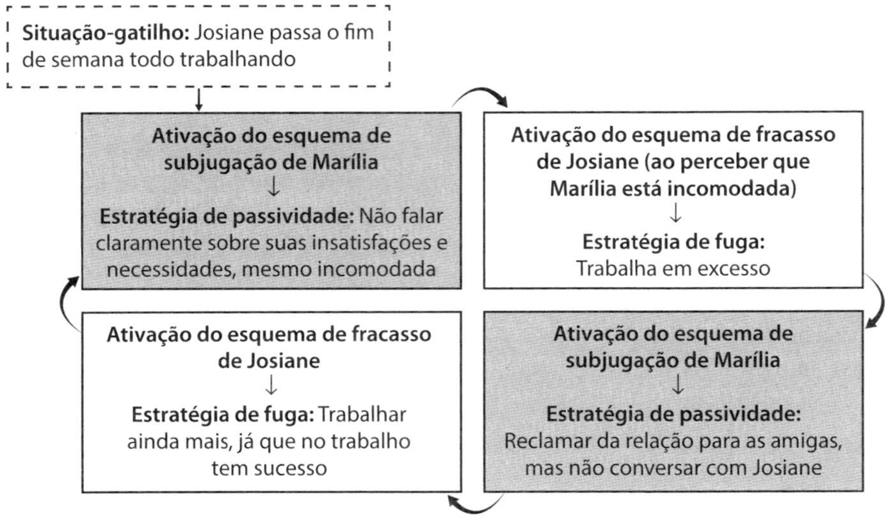

FIGURA 10.6 O ciclo de modos do casal Josiane e Marília.

Identificar os ciclos de modos desadaptativos é uma das primeiras etapas para romper com padrões viciosos e ser o(a) autor(a) da própria história. Os ciclos defensivos sempre levam a um lugar conhecido, que é o afastamento das necessidades emocionais e a manutenção dos esquemas. Embora os ciclos sejam automatizados, não são formas saudáveis de agir diante dos conflitos conjugais. Nos próximos capítulos, você vai aprender a romper a repetição e se tornar dono(a) da sua história.

Até aqui, conseguimos observar diversos ciclos que podem ser comuns em processos de desconexão no relacionamento. Entre os exemplos que foram apresentados, você identificou algum ciclo em seu relacionamento? Em caso positivo, qual deles?

PARTE IV

Como mudar: o que fazer para ser dono(a) da própria história

11

Mudando o rumo da sua história

Não deixe que os seus esquemas mentais façam você voltar sempre ao mesmo lugar conhecido.

Ao longo da leitura deste livro, você entendeu melhor a formação dos seus esquemas mentais, as diferentes partes que podemos ter e as estratégias que podemos utilizar em determinadas situações em ciclos destrutivos. Também percebeu que fazemos certas coisas para manter coerência cognitiva, emocional e comportamental, de acordo com as experiências que já tivemos no passado. Você deve ter percebido quais esquemas direcionam suas escolhas, sensações e ações dentro de um relacionamento.

Agora, vamos falar sobre formas de mudar a sua história para que você consiga ter relações mais livres e satisfatórias. A mudança não é fácil, e é bem provável que um processo psicoterápico seja fundamental para um progresso mais sólido e com maior amparo técnico. No entanto, aqui você já vai aprender algumas dicas importantes e fundamentais para se tornar dono(a) da própria história.

IDENTIFIQUE OS SEUS ESQUEMAS

Você já deu um dos primeiros passos ao longo da leitura até aqui ao compreender e explorar o seu passado: identificar as suas necessidades emocionais que não foram atendidas e que originaram os seus esquemas, além de revisitar as suas lembranças dolorosas da infância e perceber quando elas são acionadas nas suas relações. Isso é fundamental para fortalecer o seu lado saudável e conseguir mudar os seus padrões. Neste processo de mudança, você precisa entender qual é o seu perfil de escolha amorosa, quais são as suas estratégias de enfrentamento e quais são os ciclos comuns em suas relações.

O autoconhecimento e a autoconsciência são fundamentais para fortalecer o seu modo adulto saudável, conforme falamos no Capítulo 7, e ser o(a) protagonista da sua vida no aqui e agora. Para ter um relacionamento bom e satisfatório, você precisa entender de onde veio e para onde realmente deseja ir. Neste momento, você consegue responder a estas perguntas?

De onde você veio? Qual a sua história e como você acredita que ela pode ter contribuído para a formação dos seus esquemas mentais?

Para onde você realmente deseja ir? Do que você precisa e que tipo de relação você quer ter?

Uma dica valiosa: não permita que os seus esquemas o façam voltar sempre ao mesmo lugar conhecido. Essas armadilhas dos esquemas nos aprisionam em círculos viciosos e padrões que apenas nos levam ao sofrimento e nos distanciam daquilo que realmente queremos para nós mesmos.

ESTEJA ATENTO(A) ÀS SUAS ESCOLHAS

Como vimos no Capítulo 8, as escolhas amorosas podem ser influenciadas pelos esquemas e nos levar pelo mesmo caminho de sempre. Por isso, saber qual é o perfil das pessoas pelas quais você costuma ser atraído(a) é fundamental: assim, você pode ficar mais atento(a) para quando a atração o(a) levar como um ímã para as pessoas que o(a) farão se sentir como se fosse novamente a sua criança vulnerável.

As características atraentes podem estar no jeito de ser da pessoa (sua personalidade), na forma como ela olha para você, como lhe trata e, sobretudo, na forma como ela faz com que você se sinta. Isso pode não ocorrer logo em um primeiro momento, mas certamente não demorará muito para que as inseguranças e os modos de enfrentamento levem a relação para o mesmo sofrimento.

É importante ter cuidado com a ilusão que você pode depositar em alguém, ou seja, uma expectativa romantizada e idealizada que coloca na pessoa, o que pode fazer você pensar que ela é capaz de lhe oferecer aquilo que não vai lhe dar. A ilusão também é uma armadilha para que as frustrações das necessidades emocionais ocorram e, consequentemente, seus esquemas sejam mantidos.

LEMBRETE:

Cuidado com a ilusão: quando você está sob o controle dela, pode superestimar algumas características da outra pessoa e/ou não perceber a forma como ela se comporta na realidade. Você se lembra da história de Júlia e Bernardo, no Capítulo 1? Júlia esteve presa por um bom tempo na ilusão de que a ausência de comunicação de Bernardo era apenas um momento e que ele iria melhorar no decorrer da interação entre eles. Mas a realidade não era bem assim...

Para mudar a sua história, é preciso saber o que buscar em alguém e que características uma pessoa deve ter para que seja boa para você. Por exemplo, Luan tinha pais muito indisponíveis durante a infância e suas escolhas amorosas seguiam o mesmo padrão (parceiros que não eram disponíveis ou muito instáveis). Para Luan, considerando a privação de afeto e cuidado na sua história, uma escolha saudável será uma pessoa afetiva, com disponibilidade emocional e de tempo para a relação. Lembre-se: as suas escolhas devem ser feitas considerando as suas necessidades emocionais não atendidas na sua história.

Que características seriam importantes para a sua escolha, considerando as faltas emocionais que você teve na sua história de vida?

Cite essas faltas emocionais: ______________________________

____

____

____

____

____

____

____

____

____

Então, para que você se relacione com uma pessoa, as características importantes dela seriam: ______________________________

____

____

____

____

____

____

____

____

____

ASSUMA A SUA RESPONSABILIDADE

É muito comum que nos relacionamentos amorosos os(as) parceiros(as) fiquem responsabilizando um(a) ao(à) outro(a) por suas insatisfações e problemas na relação. Ao longo da leitura até aqui, você entendeu que todos temos nossas histórias de privações de necessidades emocionais, bagagens estas que acabamos trazendo para o dia a dia do casal. O encontro dessas bagagens pode gerar um ciclo destrutivo, como vimos no Capítulo 10, mas você precisa fazer a sua parte, inicialmente. Você precisa olhar para dentro de si mesmo antes de olhar para a outra pessoa.

PARA REFLETIR:

Pense sobre as perguntas a seguir e em como você pode fazê-las a si mesmo(a) durante os momentos de conflito:

- O que você está sentindo?
- Esta é uma sensação conhecida para você? Já a sentiu em outras relações?
- Qual dos seus esquemas está sendo acionado?
- O que esta sensação tem a ver com a sua história de vida?
- Qual é a sua necessidade no momento?
- Como você pode pedir sua necessidade seja suprida de forma a ser compreendido(a)? (No Capítulo 12, são descritas maneiras mais assertivas de buscar o atendimento de suas necessidades emocionais.)

TRANSPONHA SEUS MODOS DEFENSIVOS E ROMPA COM OS CICLOS DESTRUTIVOS

Sem perceber, podemos usar estratégias que dificultam a conexão com o(a) nosso(a) parceiro(a). Muitas vezes, utilizamos modos defensivos justamente para nos proteger de reviver sensações dolorosas e/ou traumáticas que já vivemos em algum momento de nossa história. O problema nisso tudo é que o uso exagerado desses modos pode aprisioná-lo(a) nos ciclos destrutivos, como vimos no Capítulo 10, o que trará mais prejuízos para a relação com o(a) seu(sua) parceiro(a).

PARA REFLETIR:

As suas estratégias de enfrentamento automáticas precisam ser freadas. Para isso, no momento que você estiver se defendendo, pergunte a si mesmo:

- O que está me fazendo precisar agir assim?
- Do que estou me defendendo e/ou tentando me proteger?
- O que posso fazer para expressar adequadamente o que preciso para o(a) meu(minha) parceiro(a)?

Os seus modos de enfrentamento foram úteis para você durante grande parte da sua história. Em determinados momentos, eles até lhe protegeram de algumas situações, mas o uso deles, hoje, pode mantê-lo(a) nos ciclos destrutivos. Para mudar e assumir a escrita da sua história, você precisa fazer a sua parte no que se refere a romper esses ciclos. Então, atente-se para as seguintes dicas:

- Saiba que você também faz parte do ciclo e, a depender da estratégia que utilizar, também pode mantê-lo.
- Não alimente o ciclo destrutivo.
- Aja de forma diferente.

VENÇA SUA CRÍTICA INTERNA

As bagagens que trazemos da nossa história familiar também têm uma série de internalizações de exigências e críticas. Você já parou para pensar o que trouxe das exigências e críticas familiares para as suas relações? É importante pensar sobre isso para compreender aquilo que fazemos como reflexo das críticas que recebemos de outras pessoas. Às vezes, sem perceber, podemos reproduzir com o(a) nosso(a) parceiro(a) as mesmas críticas e exigências que recebemos em nossa história. Um exemplo disso é o que acontece com Gabriela. Durante a sua história, ela foi muito cobrada e criticada pelos pais. Qualquer deslize de Gabriela era severamente punido pelos pais, que a criticavam e diziam que ela era "burra e que desse jeito nunca teria nada na vida". Essas vozes críticas ecoam até hoje no relacionamento de Gabriela, que, além de se cobrar, também é exigente e crítica com as pessoas com quem se relaciona.

Identificar quais são essas internalizações que fizemos é importante para combatê-las e para nos distanciarmos dessas vozes. Podemos pensar nisso ao responder às seguintes questões:

Quais são as principais exigências familiares em relação à sua escolha amorosa?

____

____

____

____

____

____

____

Que exigências e críticas você mais costuma ter nas suas relações, mesmo quando elas estão indo bem?

Quais são as suas principais críticas em relação a si mesmo(a) quando está em uma relação? Quais são as suas principais exigências?

As exigências e críticas exageradas atrapalham muito as chances de sermos felizes em uma relação. É muito importante que você exercite a sua compaixão consigo mesmo(a) e com o(a) seu(sua) parceiro(a). A aceitação das vulnerabilidades e imperfeições é fundamental, pois uma das grandes necessidades do ser humano é se sentir amado pelo que realmente é.

TENHA ATITUDES MAIS SAUDÁVEIS

Para ter um relacionamento saudável, são necessárias atitudes mais saudáveis no dia a dia da sua relação. Elogiar, salientar pontos fortes, dar atenção, expressar afeto, dizer o quanto se importa, ter flexibilidade para chegar a acordos, ter empatia, entre outras atitudes, é fundamental para que você se conecte com o(a) seu(sua) parceiro(a).

Muitas vezes é difícil oferecer a outra pessoa o que não tivemos em nossa história familiar. Entretanto, mudar a sua história exige empenho, determinação e compreensão com possíveis falhas. O importante é ter consciência e não desistir. Para ajudá-lo(a) a pensar sobre atitudes saudáveis no seu relacionamento, tente responder à pergunta a seguir:

Quais ações você pode ter para que seu relacionamento siga na direção desejada?

____

____

____

____

____

____

ALIMENTE A SUA CRIANÇA FELIZ

Não se esqueça de que, para além do relacionamento, você é a pessoa mais responsável por si e por sua felicidade. Muitas vezes, quando estamos em uma relação amorosa, esquecemos de manter as atividades que nos fazem bem e que fazem a nossa criança interna ficar feliz e satisfeita. Vamos pensar mais sobre isso?

Quais são as coisas que fazem você feliz, independentemente de estar em um relacionamento?

____

____

____

____

____

____

Uma dica valiosa: continue cuidando de si mesmo(a) e lembre-se de que você merece ser feliz e ter suas necessidades emocionais básicas supridas em seu relacionamento. No próximo capítulo, vamos auxiliar você a compreender como pode expressá-las da melhor forma.

12

Expressando o que você precisa

Minhas necessidades são válidas e importantes, mas preciso expressá-las de forma a manter a conexão com a pessoa com quem me relaciono.

Como seres humanos, temos necessidades básicas para o nosso desenvolvimento. Elas são requisitos ainda em um período remoto da nossa existência, mas também são atualizadas nos relacionamentos que estabelecemos. Mesmo adultos(as), continuamos buscando o suprimento das nossas necessidades.

Em alguns casos, podemos buscar o suprimento delas de formas automáticas e não tão reflexivas na relação. Fazemos essa busca utilizando as estratégias que aprendemos em momentos diversos da nossa história de vida. Todavia, essas formas automatizadas de resposta nem sempre são as melhores estratégias para alcançar os nossos objetivos, podendo inclusive gerar consequências opostas àquilo que esperamos ou queremos.

Imagine a situação de Paulo. Assim como todos os humanos, ele tem a necessidade de validação emocional. Contudo, em sua história de vida, Paulo não teve essa necessidade suprida. Os pais eram emocionalmente distantes e punitivos e faziam com que Paulo sentisse que suas emoções não eram válidas e/ou aceitas. Hoje, Paulo está em um relacionamento com Pedro. Paulo continua precisando que suas emoções sejam validadas e que essa necessidade seja suprida. Mas Paulo faz uso de chantagens emocionais para que Pedro lhe dê atenção. Quanto mais chantagens Paulo utiliza, mais ele se distancia do suprimento espontâneo e genuíno das suas necessidades. Pedro, ao ser chantageado, sente-se desmotivado e com medo de se expressar na relação, pois lembra das ameaças que recebia dos seus cuidadores e do ambiente seguro que não teve durante a sua infância.

Como podemos observar, tanto Paulo quanto Pedro têm necessidades. Porém, eles estão se afastando do suprimento delas devido às formas que têm utilizado para este suprimento. Paulo faz chantagens emocionais e Pedro se fecha para expressar-se. Os dois experienciaram dores emocionais importantes em suas histórias de vida. As suas emoções e dores são válidas. Contudo, este casal precisa aprender novas formas de expressar as suas necessidades e sentir-se conectado.

Neste capítulo, vamos aprender algumas formas de expressar as nossas necessidades. Antes disso, porém, vamos pensar sobre as suas necessidades. O que você precisa em um relacionamento para se sentir bem, feliz e conectado(a)?

Eu preciso... ______________________________

____

____

____

Existem diversas necessidades que as pessoas podem ter nos relacionamentos. Talvez você já tenha escrito alguma delas no quadro anterior: ser amado(a), ser validado(a) emocionalmente, ser incentivado(a) e motivado(a), ter seu espaço pessoal preservado, ter vínculos seguros e estáveis, compartilhar a vida com alguém, sentir-se competente e respeitado(a) na relação, ter momentos de lazer para aproveitar a vida de forma mais tranquila, ter uma vida sexual prazerosa, entre outras.

As suas necessidades são importantes. Então, vamos aprender agora a expressá-las da melhor maneira. Existem habilidades que podem ser desempenhadas de modo a contribuir para uma relação mais saudável. Vamos conhecer algumas delas e prestar atenção a dicas para a aprendizagem desses comportamentos.

Muitos estudos[1] têm indicado que comunicação, assertividade, automonitoramento, expressividade emocional, empatia, resolução de problemas, habilidades relacionadas à sexualidade e autocontrole emocional são algumas das classes de habilidades fundamentais para alcançar relações saudáveis. Praticar estes comportamentos na sua relação, comprometido(a) com valores de convivência, automonitoramento, autoconhecimento e conhecimento, pode tornar sua relação mais competente e possibilitar que suas necessidades emocionais sejam supridas. O Quadro 12.1 traz as características de cada habilidade e algumas dicas para que as suas necessidades emocionais sejam supridas.

---

1 Cardoso (2019; 2021), Gottman e Silver (2014; 2015), Villa e Del Prette (2013).

QUADRO 12.1 Habilidades, características e dicas para o suprimento de necessidades

Habilidade	Características básicas	Dicas para o suprimento de necessidades
Assertividade	Falar diretamente o que sente e pensa sem ferir o(a) parceiro(a).	Avalie o momento e a forma como você vai falar. Se estivesse no lugar da outra pessoa, você gostaria de ouvir aquilo que quer dizer, da maneira como está falando?
Autocontrole	Inibir reações abruptas e agressivas ante uma situação potencialmente estressante na relação.	Identifique o que acontece no seu corpo quando você está interagindo com seu(a) parceiro(a). Caso a emoção esteja muito desconfortável e intensa, peça um tempo para ventilar essa emoção e/ou respeite o tempo pedido pelo(a) parceiro(a).
Automonitoramento	Perceber a sua forma de pensar, sentir e comportar e, quando necessário, alterá-la enquanto interage com o(a) parceiro(a).	Quais sinais estão sendo dados? Há uma necessidade de manter o mesmo comportamento ou de ter um comportamento novo?
Comunicação	Interagir com o(a) parceiro(a) por meio de conversas e diálogos rápidos e/ou profundos, a depender do momento.	Dedique tempo para conversar com o(a) seu(sua) parceiro(a) sobre assuntos diversos, incluindo os triviais. Assuma uma postura de curiosidade sobre o(a) seu(sua) parceiro(a).
Empatia	Movimentar-se internamente na intenção de compreender o que o(a) parceiro(a) está sentindo, pensando e/ou por que está se comportando de determinada maneira.	Ao interagir com o(a) seu(sua) parceiro(a) em um momento difícil, imagine como ele(a) está se sentindo naquele momento e o que pode estar passando pela cabeça dele(a). Assuma uma postura de acolhimento e validação da dor emocional dele(a). Em casos de alegria, compartilhe este momento, celebrando a conquista com seu(sua) parceiro(a).
Expressividade emocional	Expressar adequadamente sentimentos e emoções no relacionamento, sobretudo carinho, afeto e intimidade.	Cultive diariamente sentimentos agradáveis, de carinho e afeto pelo(a) parceiro(a). Identifique qual a forma que o(a) seu(sua) parceiro(a) gosta de sentir carinho e valide-o(a).

(Continua)

(Continuação)

Habilidade	Características básicas	Dicas para o suprimento de necessidades
Habilidades relacionadas à sexualidade	Utilizar flexibilizações, negociações e variabilidade para manter uma relação sexual satisfatória.	Identifiquem o que vocês gostam de fazer, conversem sobre sexo e preferências, ampliem a concepção sobre sexo e sexualidade.
Resolução de problemas	Ter a capacidade de utilizar estratégias em conjunto para lidar com situações desafiantes e não prejudicar a relação.	Defina objetivamente os problemas, em conjunto com seu(sua) parceiro(a); elaborem estratégias de como resolvê-los; implementem as estratégias traçadas por vocês; monitorem o progresso.

Como podemos perceber no Quadro 12.1, há vários comportamentos e formas de ter nossas necessidades validadas. No início, pode parecer difícil desempenhar alguns desses comportamentos, principalmente a depender da maneira pela qual você foi cuidado(a). A boa notícia é que todos esses comportamentos são aprendidos. Quanto mais você praticar, mais vai se familiarizar com esses padrões de comportamento.

Uma forma de garantir que as suas necessidades sejam validadas e expressas da melhor maneira na relação é atentar-se para alguns critérios e requisitos.[2] Vamos pensar sobre isso? Imagine uma situação em que você precisou resolver algum problema ou situação desafiante com o(a) seu(sua) parceiro(a). Pensou? Qual foi a situação?

____

____

____

Agora vamos avaliar e pensar sobre a situação que você descreveu:

- Nesta situação, você alcançou o seu objetivo, respeitando a "regra de ouro" dos relacionamentos?[3]

---

2 Cardoso (2019), Del Prette e Del Prette (2017).

3 Regra de ouro dos relacionamentos: faça ao outro o que gostaria que fizessem a você ou, pelo menos, não faça ao outro o que não gostaria que fizessem a você.

- Quais foram as consequências da interação entre você e o(a) seu(sua) parceiro(a) sobre a autoestima de vocês? Vocês se sentiram bem?
- A interação que tiveram fortaleceu o relacionamento de vocês e/ou manteve a qualidade da relação?
- Você respeitou os direitos do(a) seu(sua) parceiro(a) de, por exemplo, ter uma opinião diferente da sua, mudar de opinião, etc.?

Nessas quatro perguntas, podemos encontrar os critérios para uma boa relação (o que chamamos de critérios de competência social). Quanto mais você preenche esses critérios, mais próximo(a) vai estar da qualidade no relacionamento. Algumas estratégias para você alcançar esses critérios da melhor forma incluem o seguinte:

1. Conheça mais sobre si mesmo(a), sobre o(a) seu(sua) parceiro(a) e sobre o relacionamento de vocês.
   a. Quais os seus limites e os do(a) seu(sua) parceiro(a)?
   b. O que deixa vocês chateados(as) e/ou felizes?
   c. O que tem contribuído positivamente para o relacionamento de vocês?
2. Comprometa-se com os valores de convivência na sua relação (p. ex., respeito, paz, reciprocidade, amor, justiça, dignidade, confiança, etc.).
   a. Em quais valores você quer basear o seu relacionamento?
   b. Os seus comportamentos o(a) têm aproximado ou afastado dos seus valores?
   c. O que você faz que lhe aproxima dos seus valores?
3. Atente em manter as habilidades que aprendemos durante este capítulo.
   a. Identifique as consequências dos seus comportamentos sobre o(a) seu(sua) parceiro(a).
   b. Identifique o que você sente e como pode expressar as suas emoções da melhor forma, sem ferir seu(sua) parceiro(a).
   c. Seja flexível com a sua maneira de se comportar e esteja aberto(a) a aprender novas formas de se relacionar.

É certo que temos os nossos esquemas mentais e as nossas estratégias de enfrentamento, como vimos nos capítulos anteriores. Eles estão tão enraizados que é difícil alterá-los. Contudo, também é certo que novos comportamentos podem ser aprendidos de modo a alcançar o suprimento daquilo que precisamos em nossas relações. Aprender novas formas de nos relacionarmos pode nos libertar de padrões que nos mantêm em prisões emocionais. Fortaleça o seu adulto saudável e abra espaço para que a sua criança possa viver feliz e acolhida, com suas necessidades supridas.

Reflexões finais

Manter um relacionamento saudável pode ser difícil quando nos deparamos com os desafios do cotidiano. Muitas situações desafiantes ocorrem quando nossos esquemas mentais são ativados e passamos a reviver momentos dolorosos de nossas histórias de vida. Nossa história contribuiu bastante para quem somos hoje em dia. A partir dela, temos formas de pensar e de nos comportar que são automatizadas em nossos relacionamentos. Geralmente, essas formas automatizadas estão permeadas de emoções que são ativadas quando nossas necessidades básicas não são supridas.

Durante a leitura deste livro, aprendemos sobre como nossas histórias foram construídas de maneira a nos manter em ciclos e padrões. Além disso, também foi possível identificar como podemos quebrar esses ciclos para nos tornar autores de nossa própria história, alcançando aquilo que precisamos para uma vida afetiva saudável.

Suas emoções e necessidades são válidas e muito importantes. Comprometer-se a expressá-las de forma pertinente em seu relacionamento pode aproximar você cada vez mais daquilo que realmente quer para sua vida amorosa. Viver em um relacionamento no qual você tem uma pessoa com quem pode contar e compartilhar momentos que ativam sua criança feliz é libertador. Isso não significa que os relacionamentos não têm problemas e/ou dificuldades no cotidiano. Os problemas podem ser inevitáveis nas relações humanas, mas podemos aprender a lidar com eles de forma a manter o compromisso com uma relação baseada em valores e conexão emocional.

Sua história de amor começou a ser escrita desde muito tempo, inclusive sobre as expectativas que seus pais e/ou cuidadores tiveram (ou não) sobre você. No início, esta história era mais automática, e você não podia fazer muita coisa em relação a ela. Hoje, você pode ser o(a) autor(a) da sua própria história de amor, rompendo ciclos destrutivos e utilizando estratégias que lhe aproximem do suprimento das suas necessidades emocionais.

É importante deixar claro que, provavelmente, muitos aspectos da sua história ainda estarão fora da consciência ou lembrança mesmo após a leitura deste livro. Desejamos que este seja apenas o início de uma linda caminhada de autoconhecimento. A reconstrução da sua história com a ajuda de um psicoterapeuta em um processo de terapia, utilizando este livro, é fortemente recomendada. Assim, você poderá conhecer cada vez mais a sua história de amor e aprender estratégias saudáveis para escrever uma nova história na qual se sinta acolhido(a) emocionalmente.

Referências

Arntz, A., Rijkeboer, M., Chan, E., Fassbinder, E., Karaosmanoglu, A., Lee, C.W., & Panzeri, M. (2021). Towards a reformulated theory underlying schema therapy: position paper of an international workgroup. *Cognitive Therapy and Research, 45,* 1007-1020.

Beck, J. S. (2005). *Cognitive therapy for challenging problems: What to do when the basics don't work.* Guilford.

Caminha, R. M. (2019). *Darwin para terapeutas: Socialização, emoções, empatia e psicoterapia.* Sinopsys.

Cardoso, B. L. A. (2019). *Baralho das habilidades sociais conjugais: Avaliando e treinando habilidades com casais.* Sinopsys.

Cardoso, B. L. A. (2021). *CONECTE: Atualização de medida psicométrica e construção/avaliação de um programa de treinamento de habilidades para casais de diferentes orientações sexuais.* [Tese de doutorado em Psicologia]. Universidade Federal de São Carlos.

Damasio, H. (1996). Human Neuroanatomy Relevant to Decision-Making. In A. R. Damasio, H. Damasio, & Y. Christen (Eds.), *Neurobiology of Decision-Making* (pp. 1-12). Springer.

Del Prette, A., & Del Prette, Z. A. P. (2017). *Competência social e habilidades sociais: manual teórico-prático.* Vozes.

Freud, S. (1989). Fragmento de análisis de un caso de histeria. In S. Freud, *Obras completas* (Vol. 7, pp. 1-107). Amorrortu. (Obra original publicada em 1905).

Gottman, J. M., & Silver. N. (2014). *O que faz o amor durar? Como construir confiança e evitar traição.* Objetiva.

Gottman, J. M., & Silver, N. (2015). *The seven principles for making marriage work: Pratical guide from the country's foremost relationship expert.* Harmony Books.

Paim, K., & Cardoso, B. L. A. (2019). Modos esquemáticos individuais e o ciclo de modos conjugal. In K. Paim & B. L. A. Cardoso (Orgs.), *Terapia do esquema para casais: Base teórica e intervenção* (pp. 45-59). Artmed.

Paim, K., Cardoso, B. L. A., Algarves, C. P., & Behary, W. (2020). Bases teóricas e aplicação da terapia do esquema para casais. In: B. L. A. Cardoso & K. Paim (Orgs.), *Terapias cognitivo-comportamentais para casais e famílias: Bases teóricas, pesquisas e intervenções* (pp. 71-92). Sinopsys.

Paim, K., Rizzon, A. L. C., & Cardoso, B. L. A. (2019). Juntos, mas separados: do entendimento à intervenção em relacionamentos distantes. In K. Paim & B. L. A. Cardoso (Orgs.). *Terapia do esquema para casais: Base teórica e intervenção* (pp. 165-181). Artmed.

Villa, M. B., & Del Prette, Z. A. P. (2013). Marital satisfaction: The role of social skills of husbands and wives. *Paidéia, 23*(56), 379-388.

Young, J. E. (2019). *Reinvente a sua vida: Um programa avançado para ajudá-lo a acabar com comportamentos negativos e sentir-se bem novamente*. Sinopsys.

Young, J. E., Klosko, J. S., & Weishaar, M. E. (2008). *Terapia do esquema: Um guia de técnicas cognitivo-comportamentais inovadoras*. Artmed.

APÊNDICES

Aspectos biológicos e socioculturais da nossa estruturação esquemática

Apêndice A

Aspectos biológicos da nossa estruturação esquemática

Toda a nossa bagagem biológica nos acompanha durante a vida, mas ela não determina quem somos.

Os seres humanos são compostos por uma diversidade de fatores. A forma como sentimos e nos comportamos em certas situações sofre influência direta do modelo em que fomos criados, das experiências que já vivemos e de aspectos biológicos que nos predispõem a responder de determinadas maneiras. A depender da situação, nosso cérebro responde identificando ameaças no ambiente ou percebendo os "estímulos" como mais neutros e/ou sem potencial de danos à nossa sobrevivência.

Ante um estímulo potencialmente ameaçador, o nosso cérebro tende a responder com base nas sensações corporais e emocionais envolvidas naquela situação. Ou seja, imediatamente, o nosso sistema amigdaliano é acionado e reagimos mais rápido àquela ameaça, de forma inconsciente, automática e imprecisa. Por exemplo: você está em um local e um leão faminto corre em sua direção. O que você faz? Algumas pessoas podem reagir, sem pensar muito sobre a situação, lutando contra o leão. Outras podem congelar, sem saber o que fazer, e apenas permanecer naquela situação. Já em outros casos, a pessoa pode correr para um lugar seguro e fugir de um possível ataque. Essas respostas tendem a ocorrer como tentativa de lidar com a ameaça e manter a sobrevivência.

Talvez você possa pensar: "Mas e quanto à pessoa que congelou e não fez nada? De que forma está buscando pela sobrevivência, se ela parou?". Então, podemos pensar em, pelo menos, duas grandes alternativas. Essa pessoa pode ter desistido, antes mesmo de lutar, e aceitado a situação como sendo realmente o seu fim. Ou podemos lembrar de alguns casos da biologia em que os animais se camuflam e paralisam como uma estratégia para despistar e confundir os seus predadores.

Nos exemplos apresentados, vemos as respostas automáticas das pessoas à emoção de medo. O nosso processamento tende a ocorrer, primeiro, por meio do nosso cérebro emocional (mais antigo evolutivamente). Você sente medo ao ver um estímulo ameaçador e reage imediatamente a ele, buscando a sobrevivência. Contudo, é importante equilibrar as nossas ações com um processamento racional, flexível, preciso e consciente (ou seja, no nível do nosso sistema córtico-hipocampal).

Ao pensar um pouco mais sobre a situação do leão faminto, mesmo que rapidamente, você conseguirá adotar estratégias mais precisas de como se livrar da ameaça sem correr um risco maior. Lutar contra o leão, sem um preparo para isso, pode resultar em grandes perdas ou até na morte. Com isso, podemos pensar que nem sempre reagir por impulso é a melhor opção para a busca da nossa sobrevivência.

Com este exemplo, percebemos, sinteticamente, como a emoção do medo pode estar na nossa estrutura biológica. Essa estrutura também inclui outras emoções primárias, que servem como estratégias de sobrevivência e de comunicação (verbal ou não verbal).

Levando em consideração que nem sempre tivemos a nossa comunicação verbal desenvolvida, você já se perguntou como as espécies anteriores ao *Homo sapiens* se comunicavam? Ou mesmo como a criança se comunica com os seus cuidadores antes de aprender a falar? A comunicação entre cuidador e bebê ocorre mesmo sem que palavras sejam ditas.

Um recém-nascido humano busca, de forma instintiva, a conexão com a mãe desde os primeiros segundos de vida. Esse instinto está relacionado biologicamente com a sobrevivência, pois dependemos do vínculo com um cuidador para estarmos em segurança no mundo; caso contrário, não sobreviveríamos.

O olhar de cuidado e afeto da mãe (ou de outra referência de vínculo seguro), a alimentação, o calor do corpo e o cheiro dessa pessoa tendem a tranquilizar e garantir o desenvolvimento saudável do bebê. Como forma de sobrevivência, o bebê manifesta diversos comportamentos e emoções, almejando atrair o olhar do cuidador que terá a função de acolher e de responder a estas demonstrações.

Assim como qualquer bebê, você certamente já nasceu com uma "programação" emocional e comportamental que o(a) orientou nas interações com os principais cuidadores, e que o(a) ajudou muito no contato e na aproximação com eles. Por exemplo, ninguém lhe ensinou a chorar, não é mesmo? Essa estratégia é inata e faz parte dos seus aspectos biológicos. Servindo como estratégia de sobrevivência para o bebê, tal aspecto é ativado em resposta a algum incômodo ou ameaça, com a finalidade de chamar a atenção da figura de apego para o suprimento de suas necessidades fisiológicas e emocionais. Ao chorar, o bebê comunica as suas necessidades vitais de sobrevivência, mas, para ser atendido, precisa que os seus cuidadores estejam atentos e conectados com ele.

Outro exemplo de manifestações biológicas inatas para a busca de conexão com os cuidadores é o *sorriso de Duchenne*, que é uma mutação biológica dos humanos em que bebês, ainda em seus primeiros meses de vida, são capazes de sorrir para os seus cuidadores. Esse sorriso nada mais é do que um espasmo muscular e, portanto, involuntário, mas tem como propósito gerar gratificações para os seus cuidadores, que ficam felizes e repletos de amor ao recebê-lo. Nesse sentido, o sorriso do bebê tem como principal objetivo evitar o desinvestimento parental, garantindo, assim, amor e cuidado.

Com base no que já percebemos até aqui, a forma mais eficiente de comunicação e contato ocorre pelas emoções. Segundo os pesquisadores,[1] os seres humanos têm, basicamente, seis emoções primárias que são biologicamente selecionadas: medo, tristeza, raiva, nojo, alegria e amor. A partir dessas seis emoções, outras, chamadas de secundárias, também podem surgir. No Quadro A.1, podemos observar as emoções primárias e algumas de suas funções em nossa vida.

QUADRO A.1 As emoções primárias e algumas de suas funções

Raiva	Postura pronta para lutar, peito e corpo direcionados para a frente, contração das mãos e da mandíbula, agressividade física ou verbal.
Medo	Fuga, luta ou paralisação. Busca por proteção e recursos sociais e materiais para defesa.
Tristeza	Retração, isolamento, desistência e retraimento.
Nojo	Afastamento, expulsão e distanciamento.
Alegria	Conexão, aproximação dos pares e reforçamento dos laços sociais.
Amor	Acolhimento, aconchego, aproximação física, contato íntimo, carinho, cuidado e expressão afetiva.

Deste "combo" emocional, o medo, a tristeza, a raiva e o nojo são emoções desconfortáveis de sentir e comunicam algum tipo de perigo e/ou ameaça. Quando elas são sentidas, o sistema de luta e fuga (sistema simpático) está ligado, preparando o indivíduo para agir ante o perigo. Mesmo com seus níveis de desconforto, como percebemos, elas têm uma função específica em nossa sobrevivência.

As emoções agradáveis – alegria e amor – também são fundamentais para os seres humanos, pois ligam o sistema de relaxamento (sistema parassimpático) e ajudam na conexão social, igualmente necessária para a preservação da espécie e a sobrevivência. Qualquer possibilidade de exclusão e isolamento ativa as nossas emoções.

Você deve estar percebendo com esta leitura o quanto os seres humanos estão predispostos biologicamente a buscar outros humanos para sua sobrevivência,

1 Caminha (2019) e Damasio (1996).

seja para amparo ou procriação, correto? Sim, buscar relacionamentos amorosos/sexuais é inato e necessário para a preservação da espécie. Algumas substâncias neuroquímicas, inclusive, nos direcionam para a busca de sensações muito prazerosas no sexo, na paixão e no amor, tais como dopamina, feniletilamina e ocitocina. Sensações de bem-estar, excitação e prazer que são buscadas na relação com outras pessoas fazem parte da nossa "programação" biológica.

É importante ressaltar, todavia, que o processo civilizatório, as pressões sociais e ambientais também influenciam os nossos aspectos biológicos. Além disso, as respostas emocionais e comportamentais inatas vão variar um pouco de pessoa para pessoa, pois também dependem do temperamento inato individual. Algumas pessoas já nascem mais propensas a se comportar de determinadas maneiras, dependendo de quais características herdaram dos seus ancestrais. Por exemplo, uma pessoa pode ter um temperamento mais tímido e apresentar essa tendência nas suas relações. Já outra pessoa pode ter o temperamento mais sociável e apresentar outra forma de lidar com esses contextos.

Toda a nossa predisposição biológica nos acompanha durante a vida, mas ela não determina quem somos. Ela é apenas uma parte nossa, que interage com o ambiente em que nascemos e somos criados. Todas as experiências desde o nascimento, sobretudo com as relações familiares, mas também todas as experiências sociais, interferem diretamente no abrandamento ou agravamento das tendências biológicas. Por exemplo, um ambiente hostil e agressivo pode intensificar tendências à agressividade e hostilidade. Já um ambiente mais ameno e que supra as necessidades emocionais possibilita que o temperamento de uma pessoa fique mais equilibrado mesmo quando existe uma tendência biológica à agressividade. No Apêndice B, você vai entender como os aspectos socioculturais também contribuem para determinar quem somos. Vamos perceber que, além de pessoas com predisposições biológicas, somos seres sociais cujas emoções nos ajudam a nos conectar com nossos pares.

PARA REFLETIR:

- Na opinião dos seus familiares, como você era quando bebê? Chorava muito? Costumava querer muito colo? Era um bebê difícil ou mais fácil de acalmar?
- Quando criança, você costumava expressar seu incômodo com birra, agressividade e raiva, ou de forma triste e magoada?
- Você era uma criança mais insegura ou mais autônoma e destemida?
- Você costumava ser uma criança mais distraída ou mais atenta aos detalhes?
- De modo geral, costumava ser uma criança desorganizada ou mais organizada nas suas brincadeiras, desenhos, pinturas e colégio?
- Você considera que era uma criança mais tímida ou mais extrovertida?

Apêndice B

Aspectos socioculturais da nossa estruturação esquemática

A principal ameaça para um ser humano é a desconexão com os seus cuidadores e o isolamento social.

Quando nascemos, um mundo desconhecido, imenso, complexo e perigoso nos é apresentado e, desde então, precisamos sobreviver e aprender a viver nele. Os seres humanos, no início da vida, não conseguem sobreviver nem suprir suas necessidades físicas e emocionais sozinhos: precisamos de cuidadores. Cuidados específicos são necessários para que possamos nos desenvolver em termos cognitivos, físicos e emocionais.

Esses cuidados ocorrem dentro de um contexto. Desde o nosso nascimento, e até mesmo antes dele, há uma comunidade com costumes, regras e linguagem específicos que influenciarão os comportamentos dos nossos cuidadores. O conhecimento sobre si mesmos, os outros e sobre o mundo que os cerca também nos será repassado, de forma que grande parte daquilo que fazemos será reflexo daquilo que observamos e aprendemos ao nosso redor.

A cultura na qual estamos inseridos influenciará o comportamento dos nossos cuidadores e, consequentemente, o nosso comportamento. Com isso, você aprenderá o que é certo ou errado, o que é esperado que faça ou não em determinadas situações, e o que é permitido ou não. Todos esses aspectos socioculturais serão uma base para como os nossos esquemas serão acomodados em nossa cognição (como foi apresentado ao longo deste livro).

> *Você pode compreender a cultura como um conjunto de ideais, valores, formas de compreensão do mundo, padrões de comportamento, linguagem e ritos que podem influenciar a nossa maneira de nos comportar e interpretar as situações e os relacionamentos.*

Para compreender como seria uma ilustração básica desse processo, vamos dar uma olhada na Figura B.1. Como você pode ver, no centro dela, há um bebê. Contudo, esse bebê está envolto em várias relações. Além dos cuidadores, que estão no círculo central da figura (na microcultura), há diferentes pessoas e relações que fazem parte da cultura (macrocultura) e que influenciam na formação deste bebê.

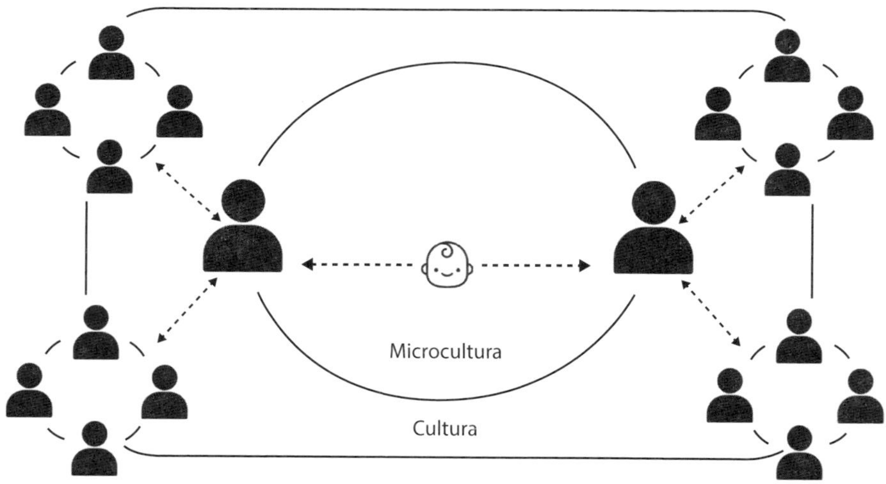

FIGURA B.1 Como o nosso comportamento é influenciado pela cultura e microcultura na qual estamos inseridos.

A macrocultura é o contexto maior e amplo no qual estamos inseridos (p. ex., a macrocultura brasileira). A microcultura, por sua vez, é um conjunto mais específico dentro desse conjunto cultural macro (p. ex., a sua família). Essa não é uma divisão fixa e pode ser aplicada em vários contextos, dependendo do foco da análise que estamos fazendo. Por exemplo, quando você pensa sobre a própria família (e cuidadores) como foco macro, pode ver padrões específicos deste contexto. Já quando você começa a identificar a família que está construindo com os próprios comportamentos e formas de pensar, está identificando aspectos micro – os quais foram derivados da sua macrocultura (seus familiares e cuidadores) que também estão inseridos em uma cultura maior.

Parece complexo, não é? Realmente, são relações que podem ser complexas e que influenciam a nossa personalidade, mesmo sem que percebamos. Para facilitar a nossa compreensão, é necessário um processo bem profundo de autoconhecimento. Vamos fazer um pequeno exercício? Pense nas perguntas a seguir:

- Quais das suas características se parecem com as dos seus cuidadores?
- Quais das suas manias na forma de falar são específicas da sua região?
- O que você avalia como o que é certo ou errado em relação aos diversos assuntos da vida?
- O que você pensa sobre o amor?

Ao pensar sobre essas perguntas, o que você percebeu? Parece que você nem percebia muitos dos seus comportamentos, correto? Por exemplo: caminhar da mesma forma que os pais ou cuidadores; ter uma opinião mais incisiva sobre as coisas – assim como seu cuidador; usar palavras e termos específicos da sua comunidade, entre outras coisas. Tudo isso acontece a todo momento, e em geral não passamos muito tempo pensando sobre os nossos próprios comportamentos e formas de pensar.

Neste pequeno exercício, talvez você também tenha percebido que muitas coisas não foram aprendidas apenas com os seus cuidadores. E é isso mesmo! Muitas das maneiras como nos comportamos também são influenciadas por nossos pares (colegas, amigos), superiores (professores, líderes) e mídias sociais (programas televisivos, filmes, séries, músicas). Parece que não somos tão livres assim como pensamos, não é mesmo?

Vamos pensar sobre outras instituições que influenciam o nosso comportamento? Imagine que você faz parte de uma comunidade religiosa que ensina que comer morangos é errado, pois certo livro diz que isso é abominável aos olhos de determinada entidade. Você, ao ouvir tais instruções e ler sobre isso no livro indicado, absorverá aquela informação como uma verdade. À medida que vai lendo e ouvindo mais sobre isso, repetidas vezes, você, além de acreditar piamente naquilo, também começa a repassar essa informação para os demais.

Tal informação, além de ser repassada por você, servirá como um filtro interpretativo conforme aquilo que aprendeu. Assim, ao ver uma pessoa comendo morangos, você identificará o ato como "errado/abominação", pois não está de acordo com o livro e os ensinamentos que recebeu durante a sua história de vida pessoal. Isso pode ter um reflexo na sua postura punitiva para com os demais. Você pode agir com indiferença, julgamentos ou até mesmo agredir física e/ou verbalmente as pessoas que comem morangos.

PARA REFLETIR:

- Você consegue identificar de onde veio o ensinamento sobre os morangos?
- Será que a pessoa nasceu com este pensamento pronto?
- O que faz essa pessoa ver o "comer morangos" como errado/abominável?

O exemplo dos morangos também pode ser aplicado para uma diversidade de situações. As pessoas podem ter um certo incômodo quando as coisas são diferentes daquilo que elas mesmas são ou aprenderam (p. ex., preconceito com diferentes regiões de um país, orientações sexuais, times, religiões, linguagem, posicionamentos políticos, entre outros). Todavia, essa dificuldade, como vimos, não surge "do nada". A forma como aprendemos a atribuir sentido e significado ao mundo influencia, consciente ou inconscientemente, os comportamentos que adotamos.

Os aspectos socioculturais farão com que você se sinta pertencente àquele grupo, por reproduzir os mesmos comportamentos que ele (ou, pelo menos, comportamentos similares). Voltando ao exemplo do morango, ao dizer para uma pessoa que comer morangos é errado, você será "reconhecido" pela sua comunidade. "Isso aí!", "Muito bem, essas pessoas precisam aprender e sair desse caminho!", "Orgulho de você! Você está cumprindo o seu propósito de levar este ensinamento!", "Entidade X tem orgulho de ser representada por você aqui na terra" são alguns exemplos de como essa comunidade religiosa pode confirmar o seu comportamento como participante daquela comunidade.

Você pode estar pensando: será que isso ocorre apenas em contextos religiosos? A resposta é que existe uma diversidade de outras culturas e padronizações de comportamentos que podemos seguir. Vamos aprofundar um pouco mais o assunto?

Imagine uma criança que nasce em um contexto em que as suas emoções não são reconhecidas. Quando ela fala o que sente, o cuidador diz: "Pare de falar besteira! Isso é frescura!". O contexto em que ela está inserida contribui para a ideia de que "falar sobre emoções é besteira, é um sinônimo de fraqueza". Essa criança cresceu nesse ambiente. Ouvia isso repetidas vezes. Hoje, ela está em um relacionamento afetivo. Quando o(a) parceiro(a) fala sobre emoções, ela reproduz: "Pare de falar besteira! Isso é frescura!". Curioso, não é mesmo? Onde ela aprendeu que falar sobre emoções era inadequado? Você consegue identificar?

Os aspectos socioculturais têm um papel importante para essa reprodução. Além dessa reação, a mesma pessoa também pode ter outras formas de comportamento (p. ex., pode se "desligar" quando a outra pessoa está falando de emoções, fugir da situação, fazer outras coisas que não seja dar atenção ao que está sendo dito, etc.). Esses "modos" de comportamento, abordados em mais detalhes no Capítulo 5, buscam aliviar a ativação de um sofrimento que a pessoa viveu quando ainda era criança.

Várias emoções secundárias podem ser aprendidas socialmente. A pessoa pode sentir vergonha por expressar suas emoções, pois em algum momento ao expressá-las foi vista como "inadequada" ou "frágil". Ela pode sentir ciúme de forma mais intensa em razão de alguma experiência de perda de contato que ocorreu previamente em sua história de vida (p. ex., alguma traição). Ou pode sentir rejeição por não ter sido aceita em determinado grupo social. Embora algumas emoções tenham seu viés biológico bem fundamentado, como é o caso do ciúme, que é uma emoção natural em nossa espécie, o contexto sociocultural pode nomear o que realmente é sinônimo de desconfiança e ampliar a intensidade dessa emoção nas pessoas.

As formas como nos comportamos tendem a ser reforçadas pela cultura. Além disso, há um conjunto de crenças específicas que podem funcionar como feridas emocionais profundas, carregadas de emoção e que nos afetarão em nossas relações.